Dear _____

이곳에서 당신의 이미지가 시작됩니다.
컬러는 이미지를 바꾸는 열쇠가 될 수 있습니다.
당신에게 맞는 컬러로 운명을 바꿀 수 있습니다.

언제나 응원합니다.

다시 오지 않을 소중한 오늘
년   월   일

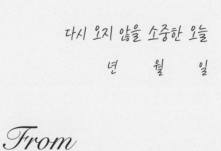

From _____

운명을 열어주는
퍼스널컬러

박선영 지음

The best Color in Whole World is
the one that looks good on you.

세상에서 가장 좋은 색은 당신에게 잘 어울리는 색입니다.

– 패션 디자이너 코코 샤넬 –

PROLOGUE

"퍼스널컬러를 더한 이미지메이킹은 ONLY ONE으로 만드는 것입니다!"

자신의 내면을 들여다보고, 삶을 스스로 가꾸는 것은 현대 사회를 살아가는 우리 모두에게 필요한 일입니다.

지금까지 30년 가까이 메이크업아티스트, 스타일리스트로 다양한 매체의 화보와 CF 작업에 참여할 때마다, 국내 1호 이매지니어(imagineer)로 정치인과 CEO, 방송인 등 다양한 영역에서 활동하는 이들의 이미지메이킹(PI)을 할 때마다 느낀 것이 있습니다. 남들에게 보여 주기 위해 만들어 낸 이미지로 잠깐 관심을 끌 수는 있지만, 공감은 얻지 못한다는 것입니다. 환경이나 직위, 특성 등 상황에 맞춰 각자가 가지고 있는 고유한 성질이나 품성 등을 살려 개성을 부각시키는 이미지를 연출할 때 상대의 마음, 대중의 인정을 받을 수 있습니다.

외모는 개인의 고유한 정체성을 표현해 주기도 하고, 그날그날 컨디션을 보여 주기도 합니다.

출근이나 외출할 때 자신에게 어울리는 옷을 챙기고, 얼굴을 아름답게 꾸미는 것은 사치를 부리는 것이 아닙니다. 자신에게 맞는 스타일로 집을 나서면 기분이 좋아지고, 자신감이 생기고 업무에 대한 집중력과 성취욕을 부여해 줍니다. 또한, 외모를 가꾸는 것은 관계를 매끄럽게 만들어 갈 수 있는 계기가 되기도 합니다.

얼마 전부터 MZ세대 중심으로 퍼스널컬러가 주목을 받으면서, 퍼스널컬러가 이미지메이킹의 가장 중요한 요소로 꼽히고 있습니다. '퍼스널컬러'란 각 개인이 타고난 신체(피부와 눈동자, 머리카락)의 컬러와 조화를 이루는 컬러를 색상으로 찾는 색채학의 이론입니다.

퍼스널컬러가 신체의 색과 조화를 이루면 얼굴이 화사해 보이지만, 맞지 않는 경우 피부 결점이 부각되는 등 단점이 드러납니다. 따라서 진학·취업을 위한 면접부터 소개팅, 업무상 회의나 발표에 이르기까지 찰나의 순간 좋은 인상을 남겨야 하는 현대인에게 퍼스널컬러는 이미지메이킹의 중요한 요소가 된 것입니다. 퍼스널컬러는 색 그 자체를 넘어 뷰티, 패션, 컬러, 인테리어까지 확장되어 자신을 돋보이게 하는 요소입니다.

퍼스널컬러는 '나를 제대로 알아가는 도구' 중 하나입니다. 자신의 내면적 가치에 퍼스널컬러뿐만 아니라 새로운 트렌드를 더하면 얼마든지 다양한 이미지로 변신할 수 있다는 사실을 기억하십시오.

이 책을 통해서 많은 사람이 자신에게 어울리는 퍼스널컬러를 제대로 찾고, 많이 활용할 수 있게 되길 바랍니다. 그렇다고 자신에게 어울리는 컬러만을 고집하라는 이야기는 아닙니다. 세상에 존재하는 다양한 컬러를 많이 경험하고 의외의 조합을 발견하는 기쁨도 누리기 바랍니다. '퍼스널컬러'를 지극히 '나를 표현하는 컬러'라고 말하지만, 나에게 어울리지 않은 컬러도 '나다운 컬러'로 소화할 수 있는 것이 바로 퍼스널컬러의 매력이기 때문입니다.

퍼스널컬러 이미지메이킹이 세상에 단 하나밖에 없는 자신을 명품으로 만들어가는 첫 시작이 되었으면 합니다. 특히 대학에서 뷰티·패션·컬러 관련 공부를 하는 학생들이 전문가로 성장하는데 이 책이 자양분이 되어 줄 것을 기대합니다.

모든 사람이 자신의 '나다움'을 소중히 여기고, 퍼스널컬러를 활용해 모두에게 사랑받을 수 있는 자신만의 이미지메이킹에 도전하길 바랍니다.

"주인공은 나야 나!"

여러분을 언제나 응원합니다.

2024년 2월 어느날에
imagineer 박선영

추천사

색다르면 남달라지는데 우리는 태어나서 죽을 때까지 왜 남달라지려고 노력하다 나만의 독특한 색깔을 잃어버리고 사는 걸까. 박선영 교수의 책은 색다름은 곧 아름다움이고 그 아름다움이 자기다움이라는 걸 오랜 경험과 통찰로 독자들에 의미심장한 메시지를 던지고 있다. 남보다 잘하려고 하지 말고 어제의 나보다 잘하려고 노력하면서 끊임없이 자기만의 고유한 스타일을 창조하고 싶은 사람에게 필독을 권하고 싶다.

- 유영만(지식생태학자, 한양대학교 교수)

계모 왕비가 마법의 거울을 보며 '거울아 거울아… 이 세상에서 누가 제일 예쁘지?'라고 묻는 백설공주 동화 속에서의 말이 유명한 동화 구절이 됐지요. 거울의 어원을 보면 '거꾸로'의 고어인 '거구루'에서 온 것을 알 수 있습니다. 이 거꾸로 보이는 묘한 거울만큼 패션과 밀접한 도구가 있을까요. 화장하고, 머리를 매만지고, 옷을 입고 나서 맵시를 뽐낼 때 거울이 없다는 것은 상상이 안 됩니다.

역사적으로 흔히 '자뻑', 우아한 말로 '자기애(自己愛)'에 빠진 패셔니스타들은 모두 거울을 사랑했습니다. 그리스 신화에 등장하는 '나르시스'라는 목동은 아름다운 외모 덕분에 요정들의 구애를 받지만 아무런 관심이 없었습니다. 그러다 양 떼를 몰고 거닐던 중 우연히 호숫가에 비친 자기 모습을 본 순간 그 모습에 반해 사랑에 빠집니다. 결국 자기 모습에 유혹되어, 물속으로 빠져들고 맙니다.

바로 '나르시시즘(Narcissism)'의 탄생입니다.

현대에서 '나르시시즘'은 더 이상 창피한 일이 아닙니다. 셀프 아이덴티디, 즉 자신의 정체성을 찾는 여정이자, 자신만의 색을 찾는 과정입니다. 이 세상에서 유일무이한 자신만의 색인 퍼스널컬러는 내적으로는 심성의 발로이며, 외적으로는 헤어와 메이크업 그리고 패션 스타일로 발현됩니다. 바로 이론과 실무를 겸비한 박선영 교수님의 저서가 빛을 발하는 이유일 것입니다.

이 저서는 자신의 퍼스널컬러를 발견하는 '거울'이자 자신의 삶을 재발견하는 인생의 '거울'입니다.

- 간호섭(패션디렉터)

《운명을 열어주는 퍼스널컬러》

멋진 책 제목입니다.

박 교수님의 자신감이 느껴집니다. 그리고 많은 사람에게 자신감을 갖게 합니다.

박선영 교수는 일 잘하는 교수입니다. 당당한 모습으로 많은 사람이 콤플렉스를 극복게 하고 그들에게 자신감과 성취감을 갖게 하는 박선영 교수!

국회에서 '운명을 열어주는 이미지메이킹' 강연으로 박 교수는 정치인에게도 자신감을 갖게 하는 마력을 갖고 있습니다.

그녀의 긍정의 힘을 정치로, 일상으로 더 많이 펼칠 수 있게 늘 응원하겠습니다.

- 서영교(국회의원)

미래의 운명을 열어주는 퍼스널컬러!

알라딘의 램프처럼, 박선영 교수는 Color의 마술사이다.

Color에 마법을 걸어 색채에 생명을 부여하는 '색채 美의 마술사'이다.

교수로 재직하기 전부터 오랫동안 현장에서 메이크업아티스트와 스타일리스트로 잡지, CF, 화보 촬영을 해 오면서 수많은 연예인과 아나운서, 정치인, 가수들의 이미지메이킹을 담당해 온 박 교수가 그동안의 경험과 노하우를 집대

성한 이책은 보는 사람에게 아름다운 색상의 美를 경험하게 할 것이다.

이 책을 통해 자신에게 어울리는 컬러를 찾고 세상에 단 하나뿐인 '나다움'을 만들어 가고 싶은 사람들에게 일독을 추천한다.

- 안종배(국제미래학회 회장)

이제 나 자신을 관리하고, TPO에 맞게 스타일링하는 것은 어느 누구에게만 국한되는 특별한 패션의 영역이 아닌 현대를 살아가는 모든이에게 책임과 의무이며, 삶의 한 영역이 되어 버렸다.

박선영 교수님을 알게 된 지 벌써 20년! 첫 만남은 연예인 촬영 현장에서 만나 인연이 되었는데, 촬영장에서 그녀의 빠른 손놀림에 마치 마녀(?)에게 홀린 듯했다. 평생을 웨딩계와 패션계를 넘나들며 디자인과 스타일링해 오던 나는 박선영 교수님의 이번 책 출간이 반갑기 그지없다.

이번에 이렇게 좋은 책을 출간하시게 되어 진심으로 축하드리고, 이 책은 멋진 삶을 살고자 하는 모든 이에게 필독으로 추천하고 싶다.

- 이승진(패션디자이너)

단단한 실력, 실체 그리고 진실만큼 외부로 드러나고 보이는 이미지나 메시지가 중요한 개인 홍보·마케팅 그리고 비주얼 시대를 살고 있다. 오랜 시간 컬러와 함께 일해 온, 저자가 색을 이해하고, 색의 메시지를 이해하고 활용하는 오랜 노하우를 고스란히 담아 놓은 책이다. 만들고자 하는, 되고자 하는 이미지를 효율적이고 지혜롭게 연출하는 현명한 해법, 지혜 그리고 가이드라인을 이 책에서 찾을 수 있을 것이다.

- 박명선(스타일디렉터)

백합보다 아름다운 향기를 지닌 박선영 교수님의 멋진 책의 출간을 축하드립니다.
내 안에 숨겨진 나를 컬러로 표현해 보세요.
퍼스널컬러는 자신의 개성과 스타일을 더욱 확실하게 표현할 수 있는 가장
확실한 방법입니다. 이 책을 통해서 자신의 컬러를 찾아가 보세요.

- 클라라(탤런트, 모델)

오랫동안 현장에서 메이크업아티스트와 스타일리스트로 잡지·CF·화보 등을
촬영하면서 수많은 연예인을 이미지메이킹한 노하우로 '나만의 매력'을 부각
하게 시키는 마법 같은 책!
이 책은 뷰티·패션을 전공하는 사람들뿐만 아니라, 아름다움에 관심 있는
모든 사람에게 퍼스널컬러가 얼마나 중요한지 일깨워 주는 책입니다. 여러분
도 이 책 한 권으로 본인의 색깔을 찾아보세요.

- 김지민(개그맨)

CONTENTS

01

내 안에 숨겨진 퍼스널컬러
IMAGE MAKING   11

1. 올댓 이미지메이킹   12
2. 이미지메이킹의 형성 요소   19
3. 이미지메이킹의 퍼스널 사례   24

02

나만의 숨겨진 색
PERSONAL COLOR   29

1. 퍼스널컬러 진단법   30
2. 나의 타고난 색, 퍼스널컬러   35

04 개운(開運)

이미지메이킹의 시작!
운을 열어주는 피부 이미지   87

1. 기초 공사 SKIN CARE   88
2. 피부 유형에 따른 손질법   90
3. 운을 열어주는 성공 피부 관리법   113

03

퍼스널컬러에 따른
이미지 스타일 전략   47

1. 봄 타입을 위한 스타일   48
2. 여름 타입을 위한 스타일   57
3. 가을 타입을 위한 스타일   66
4. 겨울 타입을 위한 스타일   75

05

메이크업이미지 스타일   131

1. 메이크업의 기초 공사, 베이스 메이크업   133
2. 메이크업의 도구   144
3. 눈길을 사로잡는 아이 메이크업   151
4. 생기를 만드는 치크 메이크업   164
5. 시선이 머무르는 립 메이크업   169

06 개운(開運)

운을 열어주는 성공 메이크업 175

1. '금전운' 상승시키는 메이크업   190
2. '애정운' 상승시키는 메이크업   192
3. '건강운' 상승시키는 메이크업   194

07 개운(開運)

운을 열어주는 이미지 스타일 197

1. 내추럴 이미지 스타일링   198
2. 클래식 이미지 스타일링   201
3. 로맨틱 이미지 스타일링   205
4. 엘레강스 이미지 스타일링   210

08

패션 이미지 스타일 전략 215

1. 기초 공사 BODY CARE   216
2. FASHION STYLE 노하우   229
3. 작지만 강력한 패션 소품   244
4. FASHION, 나를 말하다   276

09 개운(開運)

운을 열어주는 남성 이미지 메이킹 285

1. 품격 있는 남자가 성공한다.   286
2. 호감적인 남성 스타일   301

10

나만의 컬러,
COLOR IMAGE 311

연애 세포를 자극하는 뜨거운 빨간색   312
피로를 녹여 주는 따뜻한 비타민 오렌지색   315
동심을 꿈꾸는 노란색   317
건강하고 편안한 초록색   319
신뢰감의 컬러, 파란색   321
독특한 개성을 표현하기 위한 보라색   323
절대 지존 색, 검은색   325
무드 강자 색, 갈색   327
머리와 가슴의 온도 차이, 회색   329
흰색   330

부록 333

퍼스널컬러와 인공지능   334
Personal Color Test   348

1

personal color

내 안에
숨겨진
퍼스널컬러

IMAGE MAKING

올댓 이미지메이킹

이미지메이킹의 형성 요소

이미지메이킹의 퍼스널 사례

내 안에 숨겨진 퍼스널컬러, IMAGE MAKING

1. 올댓 이미지메이킹

'그대를 처음 본 순간'

"그대를 처음 본 순간 난 움직일 수가 없었지…" 유행가의 과장된 가사나 드라마의 극적인 순간은 대부분 이렇다. 그러나 이런 스파크 는 드라마 주인공들 사이에서만 이루어지는 것은 아니다. 사람은 누 구나 새로운 사람을 만날 때마다 스파크를 주고받는다. 단지 그 크기 가 좀 작아 큰 인상을 남기지 않을 뿐이다.

이처럼 첫 대면에서 주고받는 스파크를 전문 용어로 초두효과라고 하는데, 첫인상이 이후 관계 형성에 결정적인 역할을 한다는 것이다. 그런데 누군가를 처음 만나 그 사람에 대한 인상이나 느낌, 더 나아 가 초두효과가 이루어지는 시간은 단 3초, 말 그대로 '그대를 처음 본 순간!'이다.

극단적으로 '사랑'이냐 '무관심'이냐는 '첫눈'에 결정된다. 그저 잠시 시선이 머문 그 순간, 상대와 나와의 '관계의 색'이 만들어지는 것이다. 처음 만난 사람과 사랑에 빠지는 '거창한' 사건이 아니라도 처음 대면 3초 동안 느낀 이미지가 평생 그 사람을 평가하는 기준이 된다. 이 때문에 그 3초 동안의 첫인상이 나빴다면, 그 후 그 사람의 좋은 면을 아무리 많이 접해도 '보기와 달리 의외로 좋은 면도 있네'라고 여길 뿐 그 사람에 대한 판단을 바꾸지는 않는다고 한다.

그러니 중요한 자리, 중요한 사람, 중요한 결정의 순간 첫 3초 안에 상대의 마음을 사로잡지 못한다면 원하는 상황, 원하는 관계, 원하는 일을 잃게 될 수도 있다. 새로운 사람과의 첫 만남의 첫 3초는 말 그대로 순간인 동시에 평생인 것이다.

이미지메이킹, 원하는 나를 만든다

그때, 그 처음 대면의 순간, 상대의 마음에 평생 각인되는 첫인상은 어떻게 만들어질까? 단 3초 안에 상대에게 내 평생의 이미지가 결정되어 누군가와는 사랑에도 빠지고 또 누군가와는 다시는 만나기조차 싫어지게도 된다. 그렇게 대단한 '결정'의 이유를 물으면, '스타일이 좋다', '왠지 착해 보인다', '젠틀한 느낌이다', '깔끔해 보인다', '그냥…' 등 의외로 추상적이고 애매한 답이 대부분이다.

당연하다. 첫인상은 어떤 특별한 무엇 때문이 아니라 그 순간 그 사람의 전체적인 분위기·느낌·상황, 즉 이미지이기 때문이다. 단순하게 너도나도 한다는 동안(童顔) 메이크업을 하고, 미용실에서 최신 헤어스타일로 다듬고, 핫한 아이템으로 스타일을 연출한다고 완성되는 것이 아니라 그것들의 총합, 즉 조화에서 결정되는 것이다.

그렇다. 그 사람의 이미지는 단순히 외모나 메이크업 스타일, 헤어스타일 등 각각 개별적인 요소가 아니라, 그 각각의 요소가 하나의 콘셉트로 서로 얼마나 잘 어울리느냐로 만들어진다. 그리고 그 이미지가 첫인상을 결정해 상대의 마음을 얻게도 또 잃게도 만든다.

피부 톤과 메이크업, 얼굴형과 헤어스타일, 타고난 컬러 이미지, 체형과 유형에 따른 스타일링, 이 모든 요소를 조화롭게 완성시키고, 또한, 시간과 장소와 상황을 고려하는 깊이 있는 이미지를 만들어 내는 것이 핵심이다. 이것이 바로 이미지메이킹이다.

유행? 나답게!

원하는 이미지를 구현하기 위해서는 먼저 스스로를 잘 알아야 한다. 내게는 어떤 색이 어울리는지, 어떤 스타일이 좋은지 그리고 무엇보다 어떤 라이프 스타일인지 제대로 파악해야 한다. 이런 기초적인 이해 없이는 유행에 따라 다양한 옷과 신발을 사들이고 헤어스타일에 변화를 주어도 원하는 이미지를 만들 수 없거나, 다른 사람 눈에는 전혀 다른 이미지나 이도저도 아닌 이미지로 보이기 쉽다.

유명한 미국 드라마 〈섹스 앤 더 시티〉의 주인공 캐리의 대사 가운데 "정말 이상한 일이다. 옷장에 옷이 가득한데 왜 매번 입을 옷이 없을까?" 많은 여성이 이 대사에 "맞아!" 하며 크게 공감했을 것이다.

우리도 대부분 옷장 가득 옷이 있지만, 그 많은 옷 가운데 정말로 내게 어울리고 또 내가 원하는 이미지로 표현해 주는 옷은 몇 벌이나 될까?

화장품 역시 마찬가지다. 유행하는 아이템이라서 또는 지인의 추천을 받아 구매했거나, 혹은 선물을 받았거나 점원의 권유나 이벤트 등으로 많은 화장품을 가지고는 있으나 정작 자신의 피부 타입이나 컬러 타입에 맞는, 그래서 자주 쓰게 되는 화장품 역시 얼마나 될까?

우리나라 여성의 뛰어난 아름다움과 또 그 아름다움을 가꾸는 선진적인 기술은 누구나 다 아는 사실이다. 그러나 '유행'과 '트렌드'에 너무 민감한 경향이 있다 보니 개성 없이 너무도 획일적인 이미지를 지향하고 있다는 비판 역시나 익히 들어온 이야기다. 물론 유행과 트렌드가 중요하지 않다는 것이 아니다. 단지 그것만 좇다 보면 어울리지 않는 옷만 늘고 불필요한 화장품의 수만 늘게 되는 것이다. 그러한 흐름 안에서도 자신만의 이미지를 찾아내고 조화시키고 강조할 줄 알아야 한다. 유행을 따르되, '나답게!'

너 자신을 알라! '나의 이미지'이다. 그렇다면 그 무엇보다 선행되어야 할 것은 나에 대한 이해, '나'를 알아야 한다. 예를 들면, 기본적으로 내 피부 타입은 어떠하고 그래서 어떠한 제품으로 어떻게 관리해야 트러블을 줄이고 최선의 상태를 유지할 수 있는지, 또 내 얼굴색의 톤은 어떠하고 그래서 어떤 컬러와 잘 어울리는지 등을 먼저 알아야 한다. 몸 역시 마찬가지다. 내 체형이 어깨가 넓은지, 하체가 긴지 등을 무엇보다 먼저 파악해야 한다. 그래서 내게 어떠한 단점이 있고 또 어떠한 장점이 있는지를 알아야 한다.

기초에 충실하라! 영어와 수학에만 기초가 있는 것이 아니며, 건축에만 기초 공사가 필요한 것이 아니다. 아름다운 건물을 짓는데 기초 공사가 튼튼해야 하듯이 아름다움에도 기초가 중요하다. 스스로의 타고난 상태를 파악했다면 그에 맞는 '기초 공사'를 꾸준히 진행해야 한다.

아무리 좋은 화장품으로 내 이미지에 맞는 메이크업을 한다고 해도 피부 상태가 좋아야 메이크업을 제대로 표현해 줄 수 있어야만 원하는 효과를 제대로 얻을 수 있다. 헤어나 보디 역시 마찬가지다. 그렇다고 전문적인 숍에서 관리를 받고, 최고급의 제품을 사용해 연예인 같은 피부와 보디라인을 만들어야만 이미지메이킹이 가능하다는 이야기가 아니다. 자신의 피부 상태를 제대로 파악했다면 일상에서 그 상태에 맞는 관리를 해야 한다. 그리고 그것은 다른 어떤 전문적인 관리보다 지속적이고 효과적이다. 이러한 관리가 일상적으로 꾸준히 이루어져야만 원하는 이미지를 좀 더 효과적이고 보기 좋게 구현할 수 있다. 그것은 지저분한 종이가 아니라 깨끗한 도화지에 그려지는 그림이 더 보기 좋은 것과 같은 이치이다.

나의 가장 큰 특성을 찾아라! 그리고 곰곰이 생각해 보라. 자신의 가장 크고 강력한 이미지가 무엇인지. 귀여움·여성스러움·보이시·세련미·성숙함·우아함·지성미·차분함 등 자기만이 가지고 있는 강한 분위기를 찾아보는 것이다. 보통은 스스로를 객관적으로 보지 못할 수도 있으니 자신과 가깝고 자신을 잘 아는 주변 사람들에게 조언을 구해 보는 것도 좋은 방법이다.

그렇게 해서 자신의 강력한 이미지를 찾았다면, 이제는 그 이미지를 한층 더 강화시켜야 한다. 이때 하나의 일관된 이미지로 어필할수록 효과는 강하다. 자신의 가장 강력한 이미지가 '섹시함'이라고 해도 세상에는 섹시한 여성이 무수히 많다. 그들보다 더 강한 인상을 남기려면 자신만의 섹시함을 강조해야 하는 것이다. 뭔가 한 가지 특별한 이미지를 풍기지 않는 사람은 다른 사람에게 희미하게 기억된다. 그래서 확실하고 분명한 자기만의 이미지가 필요한 것이다.

선택하고 집중하라! 자신만의 강력한 이미지를 찾았다면 외모·행동·말 등에서 그 이미지가 드러나고 강조될 수 있도록 일관성 있게 표현해야 한다. 헤어스타일·메이크업·패션 등을 동일한 분위기로 연출해서 명확한 콘셉트를 전달해야 하는 것이다.

예를 들어, 의상은 여성스럽고 우아한데 아기자기한 귀여운 귀고리를 매치시킨다면, 뭔가 부조화스러워 보일 뿐 아니라 정말 표현하려는 이미지가 무엇인지조차 애매해진다. 밝고 좋아하는 색이라고 해서 빨강·노랑·파랑을 이리저리 모두 다 섞는다면 끝내는 검은색이 되어 버리듯이, 아무리 예쁘고 사랑받는 아이템이라고 해도 맥락 없이 섞어 쓰다가는 다양한 이미지를 구현하는 것이 아니라 이도 저도 아닌 그저 '촌스러운' 이미지가 되어 버릴 것이다.

'선택과 집중'은 이미지메이킹에서도 진리다. 목표 이미지를 명확히 하고 이를 위해 강조할 것은 과감하게 강조하고 포기할 것은 확실하게 포기하라.

이미지를 변주하라! 자장면을 좋아하지만 비가 올 때는 짬뽕이나 우동을 먹고 싶기도 하고, 달콤한 캐러멜마키아토를 즐기지만 프렌치코트를 입고 걸으며 아메리카노를 마시는 것이 더 어울리는 때가 있듯이 이미지도 마찬가지다. 사람마다 그 자신만의 가장 큰 특징이 있지만, 사람이란 그렇게 단순하지도 단순할 수도 없다.

나이를 먹어 가고 배우는 내용이나 하는 일이 달라지고 만나는 사람들도 늘어나고, 그러면서 전에는 잘 몰랐던 나를 발견하게 되기도 하고, 나와는 어울릴 것 같지 않지만 새로운 모습에도 도전해야 할 때가 있다. 혹 이런 외부적인 필요뿐 아니라, 그냥 기존의 나를 바꾸고 싶을 때도 있다. 이때 주의해야 할 것은, 이미지에 변화를 주어야 한다고 해서 무턱대고 다른 사람들이 하는 방식대로 흉내 내듯 따라 해서는 안 된다는 것이다. 기존 이미지와 다른 이미지를 구현할 때도 그 안에는 '나에게 맞게'라는 말이 숨어 있다고 생각해야 한다.

그렇게 불가능할 것 같은, 다양한 이미지를 내게 맞도록 구현할 수 있게 안내해 주는 것, 그것이 바로 이미지메이킹이다.

전문가의 Total Solution

이미지메이킹으로 필요에 따라 언제든지 원하는 이미지를 만들어 낼 수 있고, 따라서 원하는 첫인상 역시 선택할 수 있다. 이제는 다른 사람에게 어떻게 보이고 싶은지, 어떤 사람으로 보이고 싶은지, 어떤 느낌을 주는 사람이 되고 싶은지만 결정하면 된다. 그 원하는 이미지로 가는 길은 이 책이 안내해 줄 것이다.

보통 모두가 이미지메이킹을 원하지만, 너무도 복합적이고 전문적인 영역이라, 일명 이미지를 먹고 산다는 연예인이나 정치인이 전문가의 도움을 받아 관리하는 분야라고 생각하고 있다. 사실 그렇기도 하다. 말 그대로 어떤 한 분야의 문제가 아니라 전체적인 관리이기 때문이다. 바로 이 점이 이 책이 가진 가장 큰 역할이자 미덕이다.

오랫동안 스킨케어·메이크업·헤어스타일·컬러 이미지·패션 스타일 등 그 모든 분야에서 여러 연예인과 정치인의 이미지를 찾아내고 만들어 주고 관리해 온 경험과 노하우를 이 책에 모두 모았다. 말 그대로 '토털 이미지메이킹'의 모든 것이 담겨 있다.

이제 그저 피부를 관리하기 위해서, 메이크업의 스킬을 알기 위해서, 맵시 있는 스타일의 조언을 얻기 위한 책은 접어라. 조금 더 예뻐지는 내가 아니라, 내 안의 다른 나를, 내가 아닌 나를 끌어내고 만들어 내고 완성하는, 그래서 원하는 때 원하는 곳에서 원하는 목적을 얻게 하는 '나다움'의 이미지메이킹을 시작하자.

2. 이미지메이킹의 형성 요소

이미지를 연출하는 데에는 무엇을 보여 줄 것인가를 결정하는 것이 중요하다. 실제로 이미지는 개인의 행동이나, 나아가 사회문화를 형성할 정도로 그 영향력이 크다. 그러므로 정치가나 연예인 등 대중의 인기를 얻어야 할 사람들뿐만 아니라 일반 대중도 남에게 보이고 싶은 자신의 이미지를 택해 이를 효과적으로 연출할 수 있어야 한다.

특히 사회 진출을 준비하는 대학생들의 경우는 남녀를 불문하고 자신의 이미지 관리가 아주 중요한 문제임을 명심해야 한다. 자신의 이미지를 때와 장소 그리고 목적에 맞게 연출하여 타인에게 신뢰감을 주고, 자신의 능력을 보다 효과적으로 발휘할 수 있도록 하며, 자신의 잠재력을 십분 발휘하여 활기차고 자신 있는 사람으로 만들어 보도록 노력하자.

우선 이미지메이킹에는 다음과 같은 5단계의 과정이 있다.

1단계: Know Yourself (자신을 알라)
2단계: Develop Yourself (자신을 계발하라)
3단계: Package Yourself (자신을 포장하라)
4단계: Market Yourself (자신을 팔아라)
5단계: Be Yourself (자신에게 진실하라)

이와 같은 과정을 통해서 자신의 어떤 면을 어떻게 보여 주느냐에 따라 이미지는 크게 달라질 수 있는데, 여기에는 옷차림, 외모, 태도 등이 포함된다. 그러면 지금부터 이미지메이킹의 형성 요소를 알아보기로 하자.

밝은 표정

사람의 첫인상은 처음 3초가 중요하다. 우리나라 속담에도 "웃으면 복이 온다"라는 말이 있듯이 밝고 명랑한 표정과 미소 띤 얼굴은 첫

인상을 좋게 하는 방법이다. 하지만 이러한 표정은 진실로 마음속에서 우러나와야만 상대방에게 어필할 수 있다. 또한, 밝은 표정은 상대방에게 편안하게 해 주고 자신뿐만 아니라 상대방을 즐겁게 해 주므로 원만한 인간관계를 보장해 줄 수 있다.

밝은 표정 만들기

눈의 표정

- 눈동자는 항상 중앙에 놓이도록 한다.
- 상대의 눈높이와 맞춘다.
- 부드러운 눈웃음으로 상대방의 미간을 본다.

모나리자 미소

입의 표정

- 입의 모양은 다물었을 때 입의 양쪽 꼬리가 올라가도록 한다.
- 미소를 지을 때는 윗니가 살짝 드러나도록 한다.

비호감 스마일 라인

호감 스마일 라인

'하회탈 입매' &
'하회탈 눈매' 만들기

1. 거울 앞에서 양손의 검지 끝으로 양 입꼬리 좌우를 지그시 누른다.
2. 지그시 누른 상태에서 입꼬리를 15도 위쪽 방향으로 올려준다.
3. 마음속으로 다섯을 센 후 손가락만 뗀다.

용모

단정하고 세련된 용모와 복장은 개인과 직업의 특성을 부각시킬 수 있는 방법이다. 특히 여성의 경우에는 메이크업 연출에 따라서 그 이미지가 많이 달라질 수 있다. 그러므로 너무 요란하거나 짙은 메이크업은 상대방에게 거부감을 줄 수 있으므로 친근감 있게 하려면 부드럽고 자연스럽게 연출해야 한다.

헤어스타일은 직업의 특성에 따라 헤어 컬러를 통해 개성 있게, 세련되게, 화사하게, 또는 톡톡 튀게 할 수 있다. 하지만 유니폼을 착용하는 직장 여성이라면 단정한 스타일이 바람직하다.

말씨

올바른 대화법과 밝고 친절한 말씨는 그 사람의 교양과도 관련이 있으며, 그 사람의 성품을 잘 말해 주는 중요한 수단이라 할 수 있다. 그러므로 밝고 친절한 말씨는 자신의 이미지를 보다 좋게 어필할 수 있는 수단이기도 하다. 목소리의 맑고 탁함, 말의 표현 속도에 따른 속도의 차이, 감정의 고저 상태 등 여러 가지 상황에 따라 상대방에게 좋은 인상을 주기도 하고 나쁜 인상을 주기도 한다.

우선 상대방의 직위나 나이에 따라 올바른 경어를 사용해야 하며, 상대방에게 좋은 인상을 남기도록 해야 한다. 그렇게 하기 위해서는 자기만이 가지고 있는 독특한 '화술법'을 지니고 있어야 한다.

태도

어떤 사람을 만났을 때 자기가 먼저 반갑게 인사말을 건네는 태도는 상대방의 마음을 편하게 해 주는 방법의 하나이다. 인사는 여러 가지 예절 중에서도 가장 기본이 되는 표현으로, 상대방을 인정하고 존경하며 반가움을 나타내는 형식이다. 그러므로 인사를 예의 바르게 잘하느냐 못하느냐에 따라 상대방에게 인상이 좋다거나 건방지다는 등 자신의 이미지가 결정되기도 한다.

이 외에도 앉는 법이나 서는 법 그리고 걸음걸이 등 올바른 자세와 동작으로 좋은 인상을 남길 수 있도록 해야 한다.

3. 퍼스널 이미지메이킹의 사례

이미지메이킹의 사례는 이미 옛날 동화에도 잘 나타나 있다. 예를 들어 《신데렐라》에서 주인공인 그녀가 왕자의 마음을 빼앗는 데에도 마법사의 도움을 받은 '이미지의 변신'이 결정적이었던 것이다. 신데렐라의 성공적인 변신에 왕자는 첫눈에 사랑에 빠지고 말았다. 신데렐라가 아무리 착하고 아름다울지라도 부엌일만 하다 재를 뒤집어쓴 모습으로 왕자를 만났다면 사랑을 얻지 못했을 것이다. 이처럼 무도회에 나가기 위해 호박으로 마차를 만들고, 쥐로 마부를 만든 마법과 아름다운 드레스를 준비한 것은 다름 아닌 이미지메이킹의 하나였던 것이다.

이러한 예는 오드리 헵번이 주연한 영화 〈마이 페어 레이디〉에도 잘 나타나 있다. 이 영화에서는 한 여자가 이미지 변신을 통해 하층계급에서 상류사회로까지 신분 상승하는 과정을 적나라하게 보여 주고 있다. 짙은 회색 원 버튼 코트에 밤색 통치마를 입고 머리에는 검은색의 둥근 중절모를 쓰고 있어 언뜻 보아도 궁핍한 사람처럼 보이는 꽃 파는 처녀 '둘리틀'이 6개월 동안의 소양 교육과 이미지 변신을 통해 연회장에서 왕세자의 마음을 빼앗는 히로인으로 탈바꿈한 것이다. 화려한 액세서리로 장식한 하얀 드레스, 높게 세운 왕관 모양의 헤어핀, 팔꿈치 위까지 올라간 긴 장갑, 긴 목걸이 등은 바로 그녀를 상류사회의 고귀한 여성으로 바꿔 준 이미지메이킹의 도구들이었던 것이다.

이미지의 힘을 잘 알고 있었던 인물로는 마릴린 먼로를 빼놓을 수 없을 것이다. 그녀는 스스로 자신의 이미지를 관리하는 스타일리스트 역할을 했다. 금발에 백치미를 내세워 머리가 빈 여자라는 오해를 받기도 했지만, 사실은 어느 여배우들보다 더 치밀하게 이미지 전략을 세웠기 때문에 '영원한 섹스 심벌'로 자리 잡았던 것이다.

'나를 위해 아르헨티나여 울지 마오'라는 노래로 유명한 에바 페론(애칭이 '에비타'이다)은 퍼스트 레이디가 된 후 자신의 이미지를 바꾸기 위해 몸무게를 줄이고 검소한 옷차림에 찰랑거리던 머리를 단정하게 묶었다. 그 순간부터 그녀에게서는 진지하고 성녀다운 풍모(風貌)가 우러나왔으며, 여기서 바로 '에비타 스타일'이 탄생하게 되었던 것이다. 만일 이러한 이미지의 변신이 없었더라면 그녀는 창녀 출신의 탐욕스런 여자라는 이미지를 떨쳐 버리지 못했을 것이다.

젊은 미국의 상징이었던 존 F. 케네디는 아마 텔레비전이 없었더라면 대통령에 당선되지 못했을 것이다. 당시 케네디와 닉슨의 토론을 라디오를 통해 청취한 유권자들은 케네디보다 닉슨이 훨씬 논리 정연하다고 생각했으나, 정작 텔레비전에 나타난 두 사람의 인상은 판이하게 달랐다. 텔레비전 토론 당일 닉슨은 컨디션이 좋지 않아 힘이 없어 보였고, 더구나 화장도 하지 않은 채 구겨진 셔츠를 입고 나왔다. 반면에 막 휴가에서 돌아와 햇빛에 그을린 건강한 모습의 케네디는 흰 와이셔츠에 산뜻한 감색 양복을 입고 단정한 넥타이를 매고 나왔다. 유권자들은 과연 누구에게 호감이 갔겠는가. 두 말이 필요 없을 것이다.

미국의 저명한 정치 광고 전문가 조 맥기니스(Joe Mcginnis)는 자신의 저서 《대통령을 팝니다(The Selling of the President)》에서 "유권자들이 어떤 후보를 선택할 것인가? 그 해답의 실마리는 대부분 연설, 라디오 출연, 텔레비전 토론, 정치 광고, 개인적 접촉 등을 통해 의도적으로 전달하려는 자신의 이미지에 달려 있다."라고 주장했다. 레이건도 케네디 못지않게 이미지 전략에 신경을 많이 쓴 대통령이었다. 영화배우 출신인 그는 대통령에 출마하기 전까지는 화려한 복장을 선호했다고 한다. 하지만 대통령에 출마하면서부터 공화당 소속이면서도 민주당 소속이었던 케네디의 이미지를 흉내 냈다고 한다. 그는 아이비리그 스타일의 짙은 감색 양복에 작은 무늬가 새겨진 넥타이를 하고, 보다 젊게 보이기 위해 머리를 염색하고 볼에는 분홍색 분을 발랐다. 또 안경 낀 사람은 당선 확률이 떨어진다는 속설 때문에 근시 치료 수술까지 받았다. 그는 대통령에 당선된 후에도 백악관에 이미지 컨설턴트까지 두고 이미지를 관리했다고 한다.

클린턴 전 대통령의 아내이자 몇 해 전 뉴욕주 상원의원이 된 힐러리의 이미지 변신도 주목을 받았었다. 그녀는 결혼 초기에는 긴 머리에 큰 안경테를 끼어 자기주장이 강한 전문직 여성의 이미지였다. 그후 클린턴이 주지사 선거에서 떨어지자 전문 컨설턴트의 조언을 받아들여 안경을 벗고 남편을 내조하는 이미지를 선택했다. 그리하여 너무 강하고 똑똑한 여자라는 거부감을 없앴고 남편도 대통령에 당선시켰던 것이다. 그리고 미국의 현대 미술가 앤디 워홀도 사람들을 단숨에 사로잡는 멋진 스타일로 대중들의 사랑을 받았다. 그가 쓴 은빛 가발과 무표정함은 매우 신비로웠다. 그가 무슨 생각을 하는지 아무도 알지 못했다. 그리고 그것은 대중들이 그에게 빨려들 수밖에 없는 이유가 되어 버렸다.

이처럼 정치인뿐만 아니라 연예인이나 예술가에게도 이미지는 곧 모든 것이라 해도 과언이 아니다. 특히 톱스타라면 항상 자신의 이미지에 신경을 써야 한다. 이미 흘러간 유행을 고집하는 것은 직무 유기이자 몰락으로 가는 지름길이다. 대중들은 항상 톱스타가 늘 새로운 이미지를 창출하기를 기대하기 때문이다.

2

personal color

나만의 숨겨진 색

PERSONAL COLOR

✕

퍼스널컬러 진단법

나의 파고난 색, 퍼스널컬러

Personal Color Diagnostics

1. 퍼스널컬러 진단법

1) 퍼스널컬러의 역사

"캐네디는 퍼스널컬러의 힘으로 국민의 힘을 사로잡았다"

사람을 연출하는 것이 단번에 주목을 받게 된 것은 1960년 미국의 젊은 신예 캐네디와 베테랑 닉슨 선거 때였다. 역사상 처음으로 TV라는 매체를 이용한 선거전으로, 신예 케네디 진영은 젊고 산뜻하고 강인한 이미지를 연출하는 데 성공했다.

한색 계통의 명도 차가 큰 콘트라스트 배색의 슈트를 입어 실루엣을 깔끔하게 보이도록 하고, 윤곽선이 확실히 보이는 광택감 있는 소재를 선택했으며, 메이크업으로 반짝이는 눈의 힘, 단정하고 윤기 있는 피부, 새하얀 치아 등을 연출했다.

사람을 대상으로 하는 컬러 코디에는 '연출'을 목적으로 하는 경우와 개인의 색조 영역이 '조화로운 색'을 찾는 것을 목적으로 하는 경우 등 근본적으로 크게 두 가지 방법이 있다.

2) 퍼스널컬러 진단법

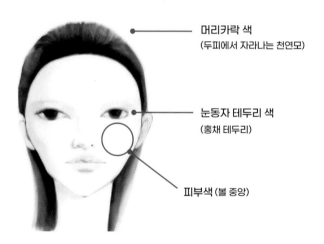

머리카락 색
(두피에서 자라나는 천연모)

눈동자 테두리 색
(홍채 테두리)

피부색 (볼 중앙)

육안 측정 진단 위치

퍼스널컬러란 무엇일까?

퍼스널컬러를 진단하는 것은 사람이 타고난 색을 진단하는 것이다. 육안 측정 방법에는 사람의 피부색, 눈동자 테두리 색(홍채 테두리), 머리카락(두피에서 자라나는 천연모)의 Base color를 분석해서 Warm 타입인지, Cool 타입인지 분류한다.

퍼스널컬러는 피부색·머리카락 색·눈동자 색에 나타나는 타고난 색을 말한다. 타고난 신체의 색을 찾아내면 외모와 기분을 변화시키는 데 유용하게 쓰일 뿐 아니라, 천성적으로 타고난 자연스러운 색을 찾아내면 피부는 깨끗하고 윤기 있게, 머리카락은 반짝거리고 탄력 있게, 눈동자는 빛나고, 코는 오똑하고, 볼은 탄력이 올라가고, 잡티는 흐려지고, 입 주변은 미소 주름이 옅어지면서 환해지고, 턱선은 모양이 또렷해지고, 치아는 하얗게 보이게 할 수 있다. 즉 퍼스널컬러는 자신을 더욱 매력적으로 보이게 하거나 동안으로 원하는 이미지를 변화시켜 주는 자신만의 컬러이다.

각 개인 한 사람, 한 사람의 매력을 끌어내는 개인에게 가장 잘 어울리는 색으로 개인의 단점을 보완하고, 장점을 극대화해서 자신감 있는 이미지로 연출할 수 있다. 또한, 어울리는 메이크업 제품이나 소품, 의상 구매에 드는 시간과 금액도 크게 절약할 수 있다.

머리카락 색 Checkpoint

염색을 즐기는 경우도 많지만 기본적으로 태어날 때부터 본인이 가지고 있던 머리카락 색이 기준이다. 본인의 색을 파악하기 어려울 때는 눈썹동자 테두리 색을 참고하면 된다.

눈동자 색 Checkpoint

컬러 렌즈 착용 색이 아니라 선천적인 색을 찾아야 하는데, 눈동자 색의 특징과 밝기를 체크해야 한다. 언뜻 보면 그냥 검은색으로 보이지만 블랙, 다크라이트, 브라운, 모스 그린 등이 있다. 눈동자의 흰 부분과 검은 부분의 대조감은 눈 주변 인상에 크게 영향을 받는다. 흰 부분의 색도 봐야 하는데, 흰 부분의 눈동자가 노란 기나 푸른 기를 띠고 있는 경우도 있다.

계절에 맞는 색상을 찾았을 때 얼굴의 반응

① 피부 투명감이 높아지며 돋보인다.

② 피부의 주름지는 부분(눈밑 다크서클, 팔자주름)이 옅어 보인다.

③ 피부에서 노란빛·붉은빛·회색빛이 없어지고 건강해 보인다.

④ 눈동자가 더욱 반짝이며 눈동자 색이 강하게 보인다.

⑤ 얼굴에서 그림자 지는 부분이나 주름이 연해진다.

퍼스널컬러 진단법

① 피부색, 눈동자 테두리 색(홍채), 머리카락을 체크한 뒤,
　 더 많이 체크된 쪽이 웜 타입인지, 쿨 타입인지 확인한다.

② 컬러 진단 방법으로 페이스 보드로 체크한다.

③ 각자 체크된 타입을 연결해 퍼스널컬러에 해당하는
　 계절을 확인한다.

페이스 보드

따뜻한 색　　　차가운 색　　　따뜻한 색　　　차가운 색

따뜻한 색　　　차가운 색

퍼스널컬러로 자신만의 컬러를 찾았을 때 반응

① 피부 톤이 화사해 보인다.

② 다크서클이 희미해 보인다.

③ 피부 결점이 옅게 보인다.

④ 눈동자가 더욱 반짝이며 눈동자 색이 강하게 보인다.

⑤ 얼굴에서 그림자 지는 부분이나 주름이 연해진다.

⑥ 페이스 라인이 예쁘다.

2. 나의 타고난 색, 퍼스널컬러

Personal Color

Warm 타입 or Cool 타입

'Warm'과 'Cool' 타입은 각각 노랑과 파랑이 섞인 레드와 그린을 번갈아 얼굴 아래 대보면 알 수 있다. 노랑이 들어 있는 색이 어울리면 따뜻한 색이, 파랑이 들어 있는 색이 어울리면 차가운 색이 어울린다고 할 수 있다.

이것으로도 충분하지만 더 확실한 결론을 원한다면 핑크를 대보면 된다. 피치와 핑크를 대비시켜서 따뜻한 색이 어울리는지 차가운 색이 어울리는지 테스트한다. 신부의 경우 노란 기가 도는 아이보리색과 푸른 기가 도는 순백 웨딩드레스로 자기 색을 찾을 수 있다.

이때 청색이 섞인 색과 황색이 섞인 색이라고 하며, 퍼스널컬러에서는 차가운 색을 블루 베이스톤이라고 하는데, 다른 말로 실버계라고 부르며, 따뜻한 색을 옐로 베이스톤이라 하며 골드계라고 부른다. 블루 베이스톤이냐 옐로 베이스톤이냐에 따라 여름·겨울 타입인지 봄·가을 타입인지 판정할 수 있다.

어울리는 색을 대보면 피부가 투명하고 깨끗하며 윤기 있어 보이는 반면, 어울리지 않는 색을 대면 칙칙하며 피부 트러블이 눈에 띄거나 나이 들어 보일 수 있다.

Warm Type

Warm에 해당하는 사람은 보통의 한국 사람과 피부·눈동자·머리카락 색이 많이 다르기 때문에 금방 알 수 있다. 어릴 때 외국 사람이라고 놀림당했거나 염색을 하지 않아도 염색한 머리로 오해를 받았을 것이다. 아주 희거나 노란 아이보리 피부

Warm Base

에 눈동자와 머리카락이 외국인처럼 밝은 갈색이다.

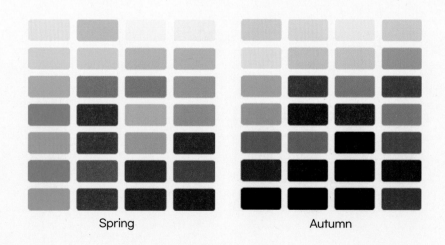

Spring   Autumn

Cool Type

Cool은 차가운 색이 어울리는 사람으로 피부는 희거나 푸르스름하거나 누렇지만 검기도 하다. 머리는 검은색이 많고, 눈동자도 검은색에 가까우면서 시선의 힘이 강하다. 유명한 연예인으로 이종석, 이영애, 김수현 등이 있다. 피부 트러블이 눈에 뜨이거나 나이 들어 보일 수 있다.

Cool Base

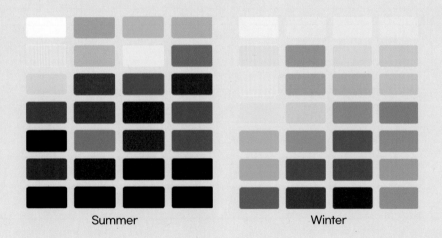

Summer   Winter

박선영 교수의
HOW TO TIP

각각 다른 피부색은 저마다의 매력을 가지고 있어서 한마디로 표현할 수는 없지만 "흰 피부를 갖고 싶다."라고 희망하는 여성이 많지 않나요?

원래 피부가 흰 사람일수록 '여름' 이미지의 색을 좋아하는 경향이 있을지도 모르겠습니다만, 주의하세요! 확실히 '여름' 이미지의 색을 능숙하게 활용해서 조화롭다면, 흰 피부에 깔끔해 보이고 우아하며 세련된 인상을 줄 수 있습니다. 하지만 조화롭지 않는 경우라면, 그냥 '안색이 안 좋다', '허전해 보인다', '인상이 밋밋하다' 등의 이미지로 보일 수도 있습니다. 사람에 따라 색의 효과는 다르기 때문에 실제로 자신의 눈으로 확인하는 것이 매우 중요합니다.

Deep or Light

블루 베이스 톤과 옐로 베이스 톤, 차가운 색과 따뜻한 색이라는 분류를 검은색과 흰색을 이용해 한 번 더 분류할 수 있다. 검은색을 섞으면 명도가 낮은 색이 나오고, 흰색을 섞으면 가볍고 약한 느낌이 나오는데, 이렇게 두 번에 걸쳐 나눈 것을 부르기 쉽게 4계절의 속성을 부여해 이름 지은 것이 4계절 컬러이다.

가벼운 블루 베이스 톤: 퍼스널 시즌의 여름
무거운 블루 베이스 톤: 퍼스널 시즌의 겨울
가벼운 옐로 베이스 톤: 퍼스널 시즌의 봄
무거운 옐로 베이스 톤: 퍼스널 시즌의 여름

같은 검은 머리카락이라도 갈색 톤이 많이 든 사람이 있는가 하면, 유난히 머리숱도 많고 검은 사람도 있다. 머리숱이 많은 사람은 보통 눈썹도 짙고 눈빛도 깊다. 이런 사람에게는 옅은 색의 옷이 어울리지 않고, 그들이 가진 이미지 그대로 무겁고 강한 색이 어울린다. 이런 사람을 'Deep'이라고 분류한다.

Deep의 특징은 무겁다는 것인데, 피부는 안색이 밝지 않고 탁하면서 두껍고, 눈동자는 진하면서 무거운 느낌이 강하다. 여성은 중성적인 이미지가 강하고 목소리가 탁하고 무겁고, 남성은 체격이 좋은 사람이 많다. 유명인으로는 차승원, 전원주, 최민식 등이 있다. 반면 금발머리, 흰 피부, 푸른 눈동자의 서양 사람들 가운데 일부를 Light로 분류할 수 있다.

옐로 베이스

블루 베이스

Clear or Soft

마지막 기준인 채도에 따라 4계절 퍼스널컬러를 다시 분류할 수 있다.

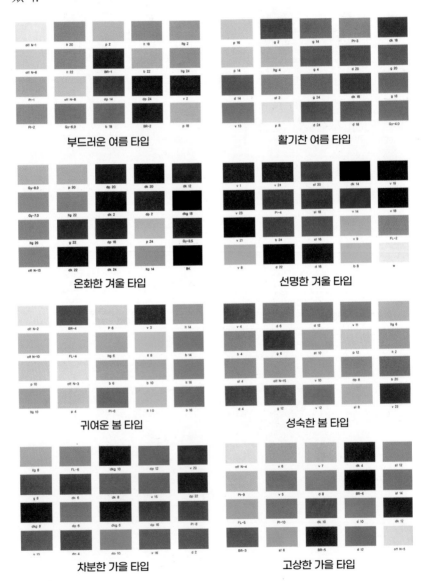

부드러운 여름 타입

활기찬 여름 타입

온화한 겨울 타입

선명한 겨울 타입

귀여운 봄 타입

성숙한 봄 타입

차분한 가을 타입

고상한 가을 타입

강한 사람과 부드러운 사람을 알아내는 방법은 간단하다. 강한 사람은 눈빛이 강하고 피부나 머리카락이 윤기 있고, 부드러운 사람은 눈빛이 부드럽고 피부나 머리카락이 광택 없이 부드럽다. 강한 사람은 채도가 높은 색이 어울리는데, 채도가 높다는 것은 그 색의 선명함을 말한다. 반대로 색이 부드럽다는 것은 색의 채도가 낮음을 의미하고, 채도가 낮다는 것은 색의 탁함을 말한다.

강한 컬러의 사람이 채도가 낮은 파스텔톤을 입으면 강한 눈빛이 약해지고, 반면 눈빛이 부드러운 사람이 채도가 높은 선명한 색을 입으면 사람은 희미해지고 옷만 보인다. 옷이 사람을 보이지 않게 하는 격이다.

Soft 타입의 사람은 부드러움이 가장 큰 특징으로 눈빛이 부드럽고 시선이 강하지 않다. 검은 동자의 경계가 명확하지 않으며, 눈동자가 많이 검지 않고 갈색이 돈다. 머리도 진한 갈색이거나 밝은 갈색으로 윤기가 별로 없다. 피부는 흰 편이나 맑고 투명한 느낌이 아니라 뽀얀 느낌이다. 연예인으로는 아이유, 수지, 김연아, 한지민, 송혜교 등이 있다.

Clear 타입의 사람은 선명함과 맑음이 특징이다. 눈동자가 유난히 빛나서 별빛 같은 눈동자라고 할 만하고 눈동자 경계도 뚜렷하다. 머리카락은 윤기가 있고 찰랑찰랑하며 피부도 얇으면서 투명하고 반짝임이 있다. 이런 사람에게는 선명하거나 투명한 색이 어울리고, 또 그런 색이나 광택이 있는 질감을 좋아한다. 연예인으로는 이영애, 손예진, 김연아, 한가인, 김혜수 등이 있다.

고채도의 색　　　　　　　　　저채도의 색

왜 퍼스널컬러를 알아야 하는가?

어울리는 색

① 피부 톤이 화사해 보인다.
② 다크서클이 희미해 보인다.
③ 피부 결점이 옅게 보인다.
④ 눈동자가 선명하다.
⑤ 페이스 라인이 예쁘다.

어울리지 않는 색

① 피부색이 칙칙해 보인다.
② 다크서클이 뚜렷해 보인다
③ 피부 결점이 두드러진다.
④ 눈동자가 흐릿하다.
⑤ 페이스 라인이 처져 보인다.

박선영 교수의

운을 열어주는 개운(開運)!

자신의 Color를 알게 된다면?

① 피부가 동안으로 보여 11년 젊어 보입니다.

② 마음이 행복해집니다.

③ 지출을 줄일 수 있어 부자가 됩니다.

④ 시간이 절약됩니다.

⑤ 자신감이 생깁니다.

 퍼스널컬러 진단 영상 https://youtu.be/Rseha5fWmxA

3

personal color

퍼스널컬러에 따른 이미지 스타일 전략

봄 타입을 위한 스타일
여름 타입을 위한 스타일
가을 타입을 위한 스타일
겨울 타입을 위한 스타일

퍼스널컬러에 따른 이미지 스타일 전략

1. 봄 타입을 위한 스타일

Spring

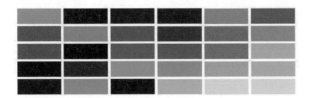

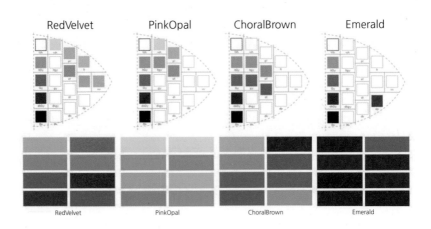

FASHION

HAIR

MAKE-UP

봄 타입 여성의 특징

봄 타입의 사람은 머리카락과 눈빛이 갈색을 띠며 따뜻하고 귀여운 이미지로 나이보다 어려 보인다. 얼굴은 희고 투명한 사람이 많고, 뺨은 복사꽃 같은 느낌의 홍조를 띠고 있다. 또한, 매끄러운 아이보리나 갈색 기를 띠는 투명한 피부를 가진 사람도 많다. 피부는 매끄럽고 곱지만 햇볕에 약해 주근깨나 잡티가 쉽게 보인다.

봄 이미지에 맞는 사람에게는 기본적으로 노란색이 가미된 원색이나 중간 색의 베이지, 핑크색, 산호색 등 밝고 화사한 색이 주조를 이룬다. 봄 컬러는 주로 따뜻한 톤으로 신선하며 깨끗하고 가벼운 느낌이 난다.

대표적인 봄 이미지의 색

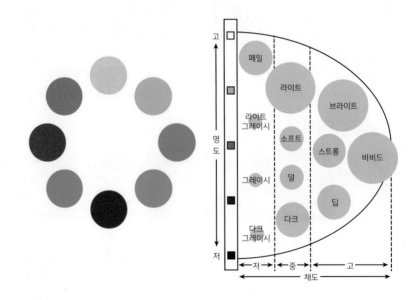

톤

봄 이미지 색의 경향을 톤으로 표현하며 원이 클수록 봄에 어울리는 컬러이다.

귀여운 봄

특징 빛나는 눈동자와 윤기 나는 얼굴에 귀여운 인상으로 나이보다 어려 보인다. 피부는 투명하며, 옅은 베이지색으로 살구빛이 돈다.

피부 색 대체로 흰 피부를 가지고 있으며, 블루, 핑크, 베이지를 띠고 있다. 볼에는 붉은 기운이 있다.

눈동자 색 투명하고 어두운 갈색, 밝은 갈색, 밝은 밤색, 토파즈 그린의 색조이다.

머리카락 색 밝으며 가느다란 밤색, 소프트 브라운으로 매우 부드럽다.

전체 이미지 밝고 환하며, 귀엽고 깜찍해 사랑스러운 느낌이다. 특히 중채도에서 고채도까지의 다색 배색 복장이 잘 어울린다.

어울리는 색 밝고 경쾌한 느낌의 색이나 부드럽고 달콤한, 연약한 느낌의 색이 잘 어울린다. 비비드, 라이트, 브라이트, 페일 등의 색조에서 다색 배색을 하면 좋으며, 차가운 계열의 색은 어울리지 않는다.

성숙한 봄

특징 성숙한 이미지로 여성스러워 보인다. 나이보다 어려 보이나, 전형적인 봄 타입보다는 조금 성숙해 보인다.

피부색 탁한 노란 기미를 띤 베이지로 전형적인 봄 타입에 비해 어둡고 탁하며 얼굴에는 기미가 있는 것처럼 보인다.

눈동자 색 눈동자는 귀여운 봄 타입과 같으나 어두운 갈색, 밤색으로 조금 짙은 편이다.

머리카락 색 짙은 밤색이 대표적이며, 귀여운 봄 타입에 비해 조금 굵은 경향이 있다.

전체 이미지 귀여운 분위기와 성숙한 여성의 이미지를 동시에 가지고 있는 이 타입은 야누스적이다.

어울리는 색 밝고 경쾌한 느낌의 색은 물론, 중명도 중채도의 색도 잘 어울린다. 비비드, 브라이트, 소프트, 덜 등의 색조로 다색 배색을 하면 한층 돋보인다. 차가운 색은 맞지 않으므로 피하는 것이 좋다.

봄 타입 여성을 위한 스타일

(1) 의상

귀엽고 발랄한 이미지의 봄 타입은 깜찍한 이미지를 잘 살릴 수 있는 옷차림을 하면 더욱 돋보인다. 허리가 꼭 맞고 보디라인을 강조한 원피스나 가볍고 경쾌한 컬러의 캐주얼 또는 깜찍함을 강조한 레이스

가 달린 디자인도 잘 어울린다. 밝고 가벼우며 경쾌한 느낌의 색상이
잘 어울리며, 무거운 딥 톤이나 다크 톤은 피하는 것이 좋다. 브라이
트, 라이트, 소프트한 톤의 색이나 비비드 톤의 난색계의 다양한 색상
과 톤의 차이를 이용하면 발랄한 느낌을 줄 수 있다. 프리티나 소프
트 캐주얼, 페미닌, 액티브 스타일 등이 어울린다.

  레이스, 실크, 오간자, 조젯, 저지 등과 같은 부드러운 소재를 사용
하고 꽃무늬, 작은 꽃 컬러, 작은 물방울 문양, 귀여운 모양의 체크무
늬 등 작고 귀여운 문양이 잘 어울린다.

봄 이미지에
맞는 차림

원피스에 볼레로,
스카프의 코디는
봄 이미지의 사람
에 딱이다.

Challenge

이런 베이직한 배색의
패션도 도전해 보자!

(2) 메이크업

파운데이션   온화하고 따뜻한 느낌의 아이보리나 크림 계열의 밝
은 베이지는 얼굴색을 밝게 만들어 사랑스러운 느낌을 강조한다.
너무 짙은 색조보다는 연한 화장이 더욱 돋보인다.

아이섀도   눈동자가 반짝이는 투명한 밝은 갈색이나 토파즈 색이

므로 여러 가지 색을 섞기보다 파스텔 옐로 그린, 카멜, 미디엄 골드 등으로 화사함을 더한다. 베이지 컬러는 기조색의 고명도·저채도의 색을 사용하여 아이홀 전체를 펴 바른다. 셀 핑크나 라이트 웜 그레이를 추천한다. 눈 앞머리나 눈꼬리에는 페리윙클 블루나 아쿠아 블루, 라이트 옐로 그린 등으로 포인트를 주면 잘 어울린다.

셀 핑크   라이트 웜 그레이   페리윙클 블루   아쿠아 블루   라이트 옐로 그린

치크   맑고 투명한 복숭아색이나 오렌지 계열의 핑크빛 뺨을 돋보이게 하는 새먼 핑크, 코럴 핑크, 라이트 오렌지 등이 좋다. 귀엽게 연출하고 싶으면 코럴 핑크, 살짝 캐주얼하게 연출하고 싶다면 오렌지, 자연스럽고 부드러운 분위기를 연출하고 싶다면 셀 핑크를 추천한다.

코럴 핑크   오렌지   셀 핑크

립스틱   오렌지, 클리어 새먼, 피치, 라이트 브라운으로 밝게 표현한다. 빨강이라면 스트롱 오렌지, 핑크라면 펄 핑크나 코럴 핑크가 잘 어울린다.

스트롱 오렌지   펄 핑크   코럴 핑크   샌드 베이지

(3) 헤어

긴 머리보다는 보이시 스타일의 짧은 쇼트 커트나 컬이 많이 들어
간 자연스러운 스타일이 좋다. 이때 단조로운 스트레이트나 컬이 없
으면 귀엽고 사랑스러운 이미지가 손상되므로 피하는 것이 좋다. 머
리카락은 밝은 황색이나 오렌지가 잘 어울린다. 검은색이나 회갈색,
와인 계열, 블루 계열은 이미지를 강하게 보이게 하므로 피하는 것이
좋다.

미디엄
브라운

산뜻한 인상

봄 이미지의 사람에게 가장
조화로운 미디엄 브라운의 헤어
컬러는 얼굴빛이 아름다워 보입니다.

초콜릿
브라운

시크한 인상

살짝 어두운 노란빛에
가까운 브라운은 시크한
이미지를 연출할 수 있다.

캐러멜
브라운

발랄한 인상

밝은 브라운은 봄 이미지의
사람의 분위기에 딱이다.

(4) 보석

금, 산호, 호박, 페리도트, 오팔 등이 잘
어울린다. 젊어 보이는 인상의 봄 이미지의 사람
에게 보기에 선명하고 발랄한 인상의 소품이 잘
어울린다.

봄 컬러 연예인

아이유

수지

한지민

송혜교

2. 여름 타입을 위한 스타일

Summer

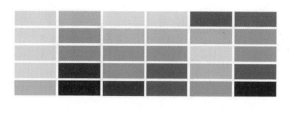

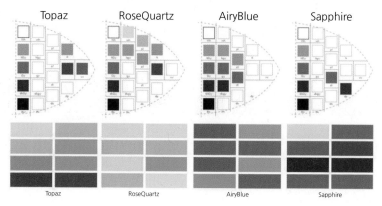

Topaz   RoseQuartz   AiryBlue   Sapphire

Topaz   RoseQuartz   AiryBlue   Sapphire

FASHION

편할때   일할때   여성스럽게

편할때   일할때   르메르하게

HAIR

MAKE-UP

여름 타입 여성의 특징

쨍쨍 내리쬐는 뜨거운 여름 이미지에는 순색이나 원색이 어울리지만, 퍼스널컬러는 여름 색인 흰색을 지니고 있어 밝고 부드러운 반면, 파우더 느낌의 불투명함도 있다. 전체적으로도 색상에 흰 기운이 있어 선명하지 못하고 흐린 편이다.

여름 타입의 이미지를 가진 사람은 부드럽고 검은 머리와 눈빛을 가졌으며, 눈빛이나 머리카락이 노란 사람도 있지만, 따뜻한 느낌보다는 붉은 기에 가까운 찬 느낌이다. 피부는 붉은 기운이 눈에 띄게 느껴지는 사람과 창백한 사람이 있다.

대표적인 여름 이미지의 색

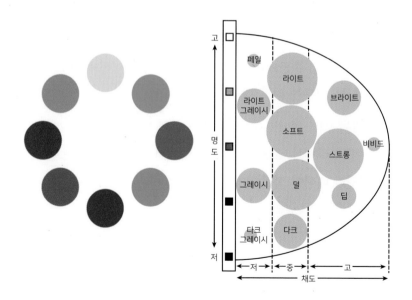

톤

여름 이미지의 색의 경향을 톤으로 표현하며, 원이 클수록 여름 컬러에 어울린다.

부드러운 여름

특징 전체적으로 피부가 아기 피부처럼 뽀얗고 맑아 온화하고 유순해 보이며, 웃는 인상이 상대방을 기분 좋게 만드는 호감 스타일이다.

피부색 푸른 기가 섞인 베이지이고 볼은 뽀얀 핑크 기운이다.

눈동자 색 소프트 그레이, 다크 그레이의 부드러운 눈매가 청아한 느낌이다.

머리카락 색 짙은 밤색의 자연스러운 색상이다. 다크 브라운, 로즈 브라운, 검은빛이 도는 소프트하고 가벼운 느낌이다.

전체 이미지 주근깨가 드러나 보일 수 있지만, 전체적으로 우윳빛이 감도는 피부는 맑고 깨끗해 보인다.

어울리는 색 중채도·중명도의 차가운 느낌의 색이 잘 어울린다. 브라이트, 라이트, 소프트 등의 색군에서 여러 색의 배색보다는 동일 계열의 배색이 적절하다.

활기찬 여름

특징 전체 스타일은 여름이지만 겨울의 차가운 느낌을 가지고 있어 피붓결이 건조하고 조금은 두터워 불투명한 느낌이다. 부드러운 인상이지만 약간 딱딱하며, 조금 강한 이미지다. 푸른 기가 있는 흰 피부로 조금 거칠어 보인다.

피부색   블루 핑크보다 약간 탁한 블루 베이지로 관자놀이 부분은 붉은색이다.

눈동자 색   그을린 그레이, 검은색으로 순수한 느낌이다.

머리카락 색   전형적인 여름 타입의 짙은 밤색보다 검은 편이다.

전체 이미지   전형적인 여름 타입의 부드러운 느낌과 달리 부드러우면서도 강한 이미지가 혼합되어 활기찬 느낌이다.

어울리는 색   중채도에 중명도나 저명도 색상이 잘 어울린다. 덜·다크 등의 색조 가운데 따뜻한 느낌보다 차가운 느낌의 색으로, 다색 배색보다는 동일 계열 배색이 좋다.

여름 타입 여성을 위한 스타일

(1) 의상

여름 이미지를 가진 사람은 부드러우면서도 여성스러운 이미지를 풍기는데 파스텔 톤의 채도가 낮은 색상이 잘 어울린다. 거기에 짙은 보랏빛 와인색, 초콜릿색, 짙은 청록색 등을 포인트 컬러로 활용하면 좋다. 또한, 소프트한 색상에 푸른 기운의 색이 잘 어울리며, 샤넬 타입 슈트 같은 고상한 의상이나 장식 없는 심플한 타입, 고급스러우면서도 실용적인 그레이 블루 정장, 전체적으로 연한 파스텔 톤에 부드러운 디자인이 돋보이는 원피스도 좋다.

다양한 색의 배색보다는 페일 톤의 색을 기본으로, 중명도·저채도의 동색계 배색이 어울린다. 고급스러워 보이면서 전통적인 클래식 스타일이나 달콤하며 무드 있는 분위기를 나타낼 수 있는 옅은 색조의 로맨틱 스타일도 좋다. 실크, 조젯, 저지 등과 같은 부드러운 소재나 앙고라, 캐시미어, 니트 등 따뜻한 소재와 꽃무늬, 물방울무늬, 직선 무늬 등도 잘 어울린다.

여름 이미지에 맞는 차림

원피스에 스카프, 로즈 쿼츠의 목걸이는 이미지에 딱!

Challenge

때로는 이런 시크한 배색으로 코디한 패션도 멋있다.

(2) 메이크업

파운데이션 창백한 느낌이 있기 때문에 전체적으로 로즈 계열의 베이지나 핑크 계열의 파운데이션을 바른다.

아이섀도 눈동자 색이 전체적으로 부드러운 인상을 주므로 가볍고 밝은 스카이 블루가 잘 어울린다. 라벤더나 핑크계 모브 등으로 은은하게 그라데이션을 넣으면 화사하고 부드러운 느낌이다. 아이홀 전체에 고명도·저명도의 베이지 계열을 사용하며 로즈 베이지 등을 추천한다. 눈 앞머리나 눈꼬리 부분에 악센트 컬러로 보라나 핑크, 파랑, 초록, 말라카이트 그린이나 라일락 라이트 모브, 블루 그레이 등이 잘 어울린다.

| 로즈 베이지 | 말라카이트 그린 | 라일락 | 라이트 모브 | 블루 그레이 |

치크　뽀얗게 보이는 듯한 핑크 볼색에 맞춰 로즈 핑크에 가까운 컬러가 좋다. 로즈 핑크, 스모키 핑크, 라이트 모브, 딥 로즈 등도 잘 어울린다. 로맨틱하고 엘레강스한 이미지가 있기 때문에 볼 전체에 바른 '엷은 핑크의 치크'도 잘 어울린다.

| 스모키 핑크 | 로즈 쿼츠 | 라이트 모브 |

립스틱　볼의 붉은 느낌에 맞춰 색을 선택하면 된다. 핑크 계열의 색이 잘 어울리므로 핑크 계열이나 로즈 계열의 로즈 핑크, 라즈베리, 워터 멜론, 소프트 푸크시아, 스모키 핑크, 딥 로즈 등이 좋다.

| 라즈베리 | 워터 멜론 | 소프트 푸크시아 | 스모키 핑크 |

(3) 헤어

약간의 컬을 준 퍼머나 중간 길이의 스트레이트로 바람에 날리는 듯한 부드러운 이미지를 강조할 수 있다. 소프트한 느낌을 살릴 수 있는 옅은 브라운이나 옅은 모스 그린도 좋다. 검정과 같이 너무 강한 색으로 염색하면 딱딱해 보이고, 특히 골드 계열의 색상은 병자 느낌을 주므로 피하는 것이 좋다.

코코아
브라운

차분한 인상
살짝 붉은색을 띠는 갈색은
시크하고 차분한 분위기가 난다.

애시
브라운

부드러운 인상
밝은 갈색은 부드럽고
여성스러운 인상을 자아낸다.

로즈
브라운

엘레강스한 인상
로즈 계열의 갈색은 세련되고
엘레강스한 분위기를 자아낸다.

(4) 보석

은, 진주, 상아, 토파즈, 터키석 등이 잘 어울린다.

(5) 소품

품위 있는 분위기의 여름 이미지를 지닌 사람에게는 섬세하고 화사한 느낌의 디자인이 잘 어울린다.

여름 컬러 연예인

손예진

김연아

한가인

이영애

3. 가을 타입을 위한 스타일 *Autumn*

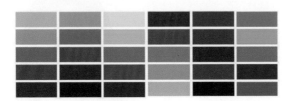

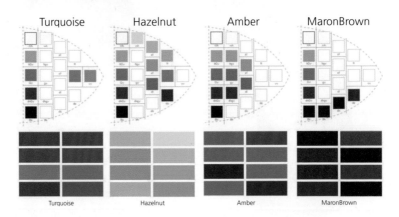

| Turquoise | Hazelnut | Amber | MaronBrown |

FASHION

편할때   일할때   여성스럽게

편할때   일할때   르메르하게

HAIR

MAKE-UP

가을 타입 여성의 특징

가을 타입은 따뜻하고 부드러운 이미지로 상대방에게 친근감과 편안함을 준다. 자연스럽고 고전적이며 지적이고 여성스러운 이미지로 조금만 꾸며도 섹시한 사람이다. 피부색은 노란 기가 많이 돌며, 가무잡잡하고 햇볕에 쉽게 타며, 윤기를 잃는다. 다크서클이 생기기 쉽고 머리카락은 짙은 갈색에 윤기가 없는 편이며, 눈동자는 짙은 밤색으로 흰자위와의 경계가 또렷하지 않다. 가을의 색은 따뜻한 색 중에서도 어둡고 흐린 톤에 차분하면서 가라앉는 자연의 색으로 내추럴한 색과 깊이감이 순색만큼 높지는 않지만, 고채도에서 저채도까지 광범위하다. 가을 톤은 중간색이 많으며, 네 가지 계절 타입 가운데 옐로 베이스가 가장 강하다. 굴색이나 밝은 베이지 등으로 배색하면 지적이면서도 도회적인 느낌을 연출할 수 있으며 황금색, 카키색 등을 활용하여 클래식하고 내추럴한 분위기를 연출하는 것도 좋다.

대표적인 가을 이미지의 색

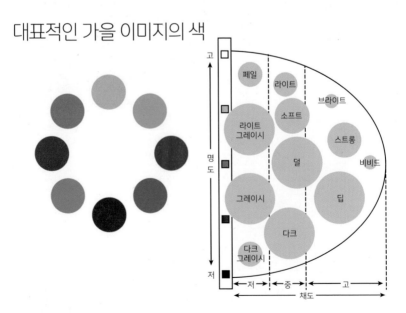

톤

가을 이미지의 색의 경향을 톤으로 표현하며, 원이 클수록 가을 컬러에 어울리는 톤이다.

고상한 가을

특징 피부색은 혈색이 없는 노란색으로 차분히 가라앉은 느낌을 주며, 도자기 같은 피부다. 가을의 쓸쓸함을 연상시키는 분위기를 가지고 있어 여성스러운 스타일이 잘 어울린다.

피부색 혈색이 없고 볼은 옐로 오렌지가 많으며, 침착하면서도 차분한 인상으로 조용하면서 깊이 있어 보인다.

눈동자 색 침착하면서 차분한 인상을 가진 눈동자로 그린 색조를 가진 사람도 있다.

머리카락 색 머릿결은 붉은 골드 계열로 광택과 볼륨감이 있다.

전체 이미지 모든 계절의 이미지 가운데 가장 자연스러운 분위기를 느낄 수 있는 타입이다. 인위적인 색을 배제하고 자연적인 색상을 선택한다.

어울리는 색 자신이 가지고 있는 밸런스를 유지하면서도 차분하게 가라앉은 색조로 딥·다크 등의 따뜻한 계열의 색이 어울린다.

차분한 가을

특징 창백하면서도 피부가 탁해서 겨울 타입으로 오해받기 쉽다. 피부색이 푸른 기가 감도는 붉은색이라 더욱 그렇다. 그러나 색상을 선택해 보면 가을을 상징하는 색조가 잘 어울린다.

피부색 창백하면서도 탁하고, 전체적으로 창백한 붉은 기를 가지고 있어 늦가을의 스산함을 연상시킨다.

눈동자 색 가을 타입의 전형인 짙은 갈색이 주이며, 짙은 밤색도 보인다.

머리카락 색 짙은 회색이나 검은빛이 감도는 갈색 머릿결을 가진 사람도 있고, 붉은 기가 도는 갈색도 있다.

전체 이미지 전체적으로 늦가을의 자연을 연상시키는 스산함을 가지고 있으며, 피부가 맑지 않아 한눈에 가을 타입임을 알기 어렵다.

어울리는 색 우아하면서 깊은 느낌을 주는 다크, 딥, 덜 등의 따뜻한 계열 색조가 잘 어울린다.

가을 타입 여성을 위한 스타일

(1) 의상

황갈색의 피부를 가지고 있어 차분하게 가라앉은 깊은 톤, 즉 다크나 딥 톤의 저명도·저채도의 따뜻하며 자연스러운 색조가 잘 어울린다. 다색 배색보다는 동일 색상으로 통일하여 전체적으로 정리된 느낌을 주는 배색이 좋으며, 작은 부분에 악센트를 주면 더욱 효과적이다. 전체적으로 격조 있고 고상하며 순수한 분위기를 낼 수 있는 것이 좋으며, 화려하면서도 대담한 디자인도 의외로 잘 어울리는데, 이때도 다색 배색보다는 동일 색상으로 통일하고 악센트로 화려함을 표현하는 것이 좋다.

내추럴 스타일이나 사파리 슈트, 시크나 고저스한 스타일도 좋다. 황금색, 카키색 등의 색을 최대한 활용하여 클래식하고 내추럴한 분위기를 연출해도 좋다. 코튼, 울과 같은 자연 소재나 실크나 실크 질감의 인조 소재 등과 같이 눈이 현란한 소재가 잘 어울리며, 타탄체크나 페이즐리, 무지나 커다란 무늬에 대담한 프린트가 화려한 분위기를 나타낼 수 있다.

가을 이미지에 맞는 차림

차분한 분위기의 가을 이미지의 사람은 4계절 중에서 전통복이 가장 조화롭다.

Challenge

악센트로 선명한 색을 더해 패션을 즐겨 보자.

(2) 메이크업

파운데이션 노란 기가 강한 아이보리나 브라운 계열의 베이지 등을 사용하면 가라앉은 듯한 분위기를 밝게 연출할 수 있다.

아이섀도 전체적으로 차분한 눈매와 녹색 느낌의 눈동자를 가지고 있으므로 모스 그린이나 올리브 그린이 잘 어울리며, 다크 브라운이나 골드도 잘 맞는다. 악센트 컬러로써 눈꼬리에는 가을 이미

지다운 고급스럽고 화려한 골드나 모스 그린, 터콰이즈 그린 등이
가을 이미지 컬러에 조화롭다.

베이지(가을) 오이스터 화이트 골드 모스 그린 터콰이즈 그린

치크 볼에 홍조가 없어 전체적으로 핏기가 없는 얼굴이므로 침착
하고 깊은 색조의 다크 토마토 레드나 새먼 핑크를 사용해 화려한
느낌을 준다. 가을 이미지의 사람의 성숙한 분위기를 내기 위해서
는 치크가 중요하다. 광대뼈 아래쪽을 따라 음영을 넣는 치크에는
살짝 어두운 딥 오렌지, 라이트 새먼, 애프리콧(살구) 등이 잘 어울
린다.

딥 오렌지 라이트 새먼 애프리콧(살구)

립스틱 치크 색에 맞추어 저명도에 고채도인 다크 토마토 레드나
주홍색, 새먼 핑크 등이 밝은 느낌을 주어 환한 인상을 만든다. 가
을 이미지의 사람은 립 컬러의 섬세한 느낌을 빨강이라면 레드 파
프리카나 러스트도 잘 어울린다. 핑크라면 새먼 그리고 수수한 딥
오렌지나 옅은 에프리콧(살구)도 잘 어울린다.

레드 파프리카 러스트 새먼 딥 오렌지

(3) 헤어

광택이 있는 붉은 골드 계열의 머리카락은 굵은 웨이브를 주면 더욱 풍부해져 우아하고 고상한 분위기를 풍긴다. 머리카락은 자연스러운 브라운 계열이 잘 어울리는데, 조금 깊이가 있는 오렌지 레드나 적갈색으로 염색하면 좋다. 특히 단정한 스타일은 경직돼 보이기 때문에 어울리지 않는다. 검은색으로 염색하면 딱딱해 보이므로 피하는 게 좋다.

커피
브라운

내추럴한 인상
원래 갈색이 조화롭지만,
이 색은 굉장히 자연스럽고
내추럴하게 연출된다.

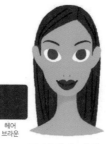

헤어
브라운

도시적인 인상
브라운 헤어를 대표하는
밝은색은 가을 이미지의
사람을 더욱 세련되게 한다.

다크
브라운

성숙한 인상
노란색에 가까운 깊은 갈색은
성숙하고 세련된 분위기가 된다.

(4) 보석

금, 브론즈, 나무, 가죽, 은 등 에스닉한 소재가 잘 어울린다. 차분한 느낌의 가을 이미지의 사람에게는 내추럴하고 시크한 디자인이 잘 어울린다.

가을 컬러 연예인

전지현

이효리

수애

한예슬

4. 겨울 타입을 위한 스타일 Winter

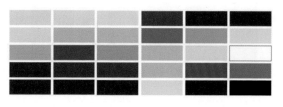

Ruby	Diamond	RotaBlue	Onyx

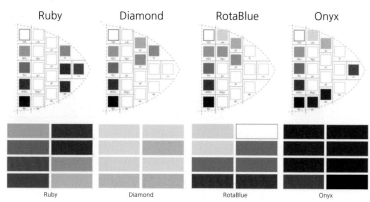

| Ruby | Diamond | RotaBlue | Onyx |

FASHION

편할때　　　　일할때　　　　여성스럽게

편할때   일할때   르메르하게

HAIR

MAKE-UP

겨울 타입 여성의 특징

겨울 타입의 이미지는 차갑고 강렬하며, 화려하고 고전적이며 이지적인 느낌이다. 피부는 희고 푸른빛을 띠어 차갑고 창백해 보이며 투명하고 정리되어 보이지만 쉽게 창백해진다. 머리카락 색과 눈동자 색은 짙은 계열의 회갈색이나 검은색이고 또렷하며 흰자에 푸른 기가 많이 돌아 흰 피부와 대조를 이루어 깔끔하고 세련된 이미지다. 머리카락은 윤기가 있고 어두운 톤이다.

모던한 이미지의 겨울 타입은 소피스티케이트 스타일이나 비즈니스 룩 이미지와 선명한 액티브 이미지를 동시에 지닌 도시적 감각의 세련된 느낌이다. 명도는 고명도와 저명도 양 끝이며, 채도도 순색과 저채도 색으로 콘트라스트가 강하다. 페일과 다크 그레이시, 비비드와 페일 등이 대표색이다.

대표적인 겨울 이미지의 색

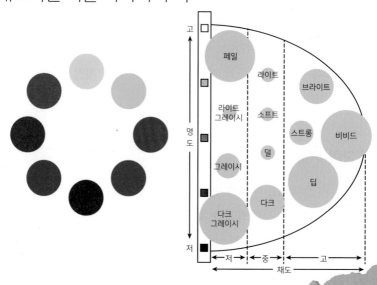

톤

겨울 이미지 색의 경향을 톤으로 표현하며 원이 클수록 겨울 컬러에 어울리는 톤이다.

선명한 겨울

특징 검은 머리와 하얀 피부, 검은 눈동자와 하얀 눈자위 등 콘트라스트가 확실하고, 건조한 느낌과 얼굴 윤곽이 뚜렷해 날카로운 이미지다.

피부색 푸른빛이 도는 하얀 피부와 올리브 빛이 도는 검은 피부가 있으며, 볼은 불그스레한 기운이 있다.

눈동자 색 그을린 밤색, 검은색으로 순수한 느낌을 준다.

머리카락 색 검은색, 실버 그레이, 다크 브라운으로 붉은 기가 없다.

전체 이미지 한겨울에 내리는 눈처럼 선명하고 차가운 느낌이며, 검은색과 흰색의 조화와 같이 콘트라스트 배색이 잘 어울린다.

어울리는 색 무채색이나 채도가 높은 순색이 잘 어울린다. 비비드, 그레이, 다크, 딥 등의 색조 가운데 차가운 계열 색상으로 대비가 되는 색의 조합이 좋다.

온화한 겨울

특징 겨울 타입의 대표적인 특징은 눈동자에 흰 눈자위가 있고, 간혹 눈동자가 짙은 밤색을 띠는 사람도 있다. 대체적으로 피부가 약간 희어 보이며 피붓결도 좋고 맑아서 부드러운 인상을 준다.

피부색 대체로 피부가 희며 블루, 핑크, 베이지색을 띠고 있다. 볼에 붉은 기운이 있다.

눈동자 색 검은색, 그을린 고동색으로 눈매가 날카로워 보인다.

머리카락 색 약간 짙은 회색이라 아주 검은 느낌은 없다.

전체 이미지 선명한 겨울 타입에 비해 피붓결이 좋아 선명하고 부드러워 보인다.

어울리는 색 무채색이나 순색이 잘 어울린다. 또한, 여름 타입 느낌도 있어서 중채도도 잘 어울린다. 비비드, 그레이, 딥, 다크, 소프트 등의 색조 가운데 대비되는 색을 배색하면 좋다.

겨울 타입 여성을 위한 스타일

(1) 의상

겨울 타입은 검은 머리카락에 하얀 피부, 흑백의 콘트라스타가 확실한 눈 등으로 강한 이미지를 준다. 이 때문에 무채색이나 채도가 높은 순색이 잘 어울리며, 샤프하면서도 대담하게 보이는 좌우 비대칭의 애시 메트리 스타일이나 강한 콘트라스트 배색으로 극적인 효과를 나타내거나, 남성적인 느낌을 강하게 풍기는 격조 있는 스타일로 중성적인 이미지도 잘 어울린다. 또한, 도시적이고 샤프하면서 금속성의 느낌을 주는 스타일도 돋보인다. 다이내믹 스타일이나 댄디 스타일, 포멀하고 모던한 스타일도 개성을 표현하는 데 좋다.

레자, 가죽, 울, 새틴, 트위드 등의 소재와 큰 물방울무늬, 기하학적

무늬, 큰 무늬의 체크, 굵은 스트라이프 등과 같이 크고 대담하며 확실한 무늬도 잘 어울린다. 스포티한 이미지에는 비비드 컬러인 빨강, 노랑, 마젠타, 네이비 등의 색상으로 악센트를 주어 선명함을 살리면 좋다.

겨울 이미지에
맞는 차림

재킷에 팬츠, 액세서리는 사이즈가 큰 초커. 이것이야말로 겨울 이미지의 사람다운 차림이다.

Challenge

때로는 이런 패션을 악센트 컬러로 컬러플한 색도 추천한다.

(2) 메이크업

파운데이션 로즈 베이지나 블루 베이지와 같은 옐로 계열의 느낌이 없는 파운데이션이나 핑크 계열의 색이 잘 어울린다.

아이섀도 눈동자 색이 블랙이나 짙은 브라운이므로 차분한 그레이 계열을 바르면 눈매가 당겨 올라간 듯한 느낌을 주어 효과적이다. 로열 퍼플이나 로열 블루 등으로 콘트라스트를 주어도 멋지다. 아이홀 전체에 아이스 핑크나 그레이 베이지 등 고명도·저채도의 색을 흐릿하게 바른다. 악센트 컬러는 로열 퍼프 등 겨울 이미지다운 어두운색이나 선명한 색을 눈머리부터 눈꼬리까지 발라 준다.

옅은 색에는 아이시 블루나 트루 그레이 등을 그라데이션 한다.

아이시 핑크　그레이 베이지　로열 퍼플　아이시 블루　트루 그레이

치크　하얀 얼굴이 창백해 보이기 때문에 차분하면서 가라앉아 보이는 블루 레드나 마젠타 등과 같이 어두워 보이는 색이 잘 어울린다. 겨울 이미지의 사람은 살짝 푸른빛에 가까운 핑크 계열의 색이 잘 어울린다. 볼 전체에 엷게 바르면 혈색이 좋아 보이는 효과가 있다. 깊이 있는 색의 버건디를 광대뼈 아래쪽을 따라 엷게 바르면 성숙한 분위기가 연출된다.

쇼킹 핑크　아이시 핑크　버건디

립스틱　피부 톤과 확실하게 대비될 수 있는 색이 좋은데 와인 컬러 계통의 블루 레드, 덜 레드, 마젠타 등으로 연출하면 더욱 돋보인다. 빨강이라면 블루 레드나 트루 레드, 마젠타 컬러도 잘 어울린다. 핑크라면 맑은 색을 선택하는 것이 좋다. 눈을 강조하고 싶을 때는 채도가 낮고, 색이 거의 없는 로즈 베이지 계열의 색을 바르면 잘 어울린다.

블루 레드　트루 레드　마젠타　쇼킹 핑크

(3) 헤어

단정한 스타일이 가장 잘 어울린다. 쇼트 커트나 단발의 스트레이트로 깔끔하게 정리하거나, 스트레이트가 잘 어울린다. 또한, 의상과 장소에 따라 단정하게 묶은 올린 머리 스타일도 좋다. 머리카락은 검은색이 가장 잘 어울리며, 색을 바꾸고 싶을 때는 푸른 기가 도는 검정이나 어두운 갈색처럼 강한 색이 잘 어울린다. 골드 계열은 어울리지 않으므로 피한다.

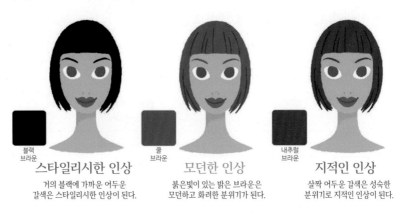

블랙
브라운
스타일리시한 인상
거의 블랙에 가까운 어두운
갈색은 스타일리시한 인상이 된다.

쿨
브라운
모던한 인상
붉은빛이 있는 밝은 브라운은
모던하고 화려한 분위기가 된다.

내추럴
브라운
지적인 인상
살짝 어두운 갈색은 성숙한
분위기로 지적인 인상이 된다.

(4) 보석

다이아몬드나 은과 백금, 원색 크리스털 등이 잘 어울린다. 개성적인 겨울 이미지의 사람에게는 임펙트 있는 디자인이나 화려한 소품이 잘 어울린다.

김소연

김혜수

이나영

선미

사계절 컬러링

| 봄 | 여름 | 가을 | 겨울 |

로맨틱 /

스포티 /

클래식 /

엘레강스 /

시크 /

단발 style /

봄   여름   가을   겨울

롱
style /

펌
style /

숏컷 /

미디엄 /

새미롱 /

롱 /

personal color

이미지메이킹의 시작!

개운(開運),
운을 열어주는
피부 이미지

기초 공사 Skin Care

피부 유형에 따른 손질법

운을 열어주는 성공 피부 관리법

1. 기초 공사 Skin Care

피부 관리의 시작은 '자신의 피부 상태'를 정확히 파악하는 것이다. 겉으로 볼 때 번들거린다고 해서 무조건 '지성'이라고 판단하는 것은 금물이다. 겉으로는 번들거리지만 속은 수분 부족으로 건조할 수도 있고, 반대로 수분은 충분하지만 유분이 부족해 피부가 건조해지면서 거칠어질 수도 있다.

한 가지 재미있는 사실은, 피부는 작은 얼굴 안에서도 부위마다 피부 타입이 다르다는 것이다. 뺨은 건조한데 이마와 T존 부위는 피지 분비가 왕성하고, 입 주변은 각질이 일어날 정도로 건조한데 코는 개기름이 흐를 정도로 번들거릴 수 있다. 그럴 수밖에 없는 것이 이마와 코, 턱 주변은 다른 곳에 비해 피지선이 훨씬 많이 분포되어 있기 때문이다. 심지어 중성 피부도 이마와 코는 때에 따라 번들거린다.

피부는 늘 그 상태를 유지하는 것이 아니라 계절, 온도와 습도, 환경, 생활 습관, 식습관, 컨디션에 따라 피부 상태가 쉽게 변하므로 주기적으로 피부 타입을 확인하길 바란다. 지금까지 알고 있는 피부 타입에 대해서는 내 머릿속의 지우개가 되자. 이제 자신의 정확한 피부 타입을 알고 자신에게 맞는 화장품으로 아름다운 건물을 짓는데 기초 공사가 튼튼해야 되듯이 새로운 항해로 함께 떠나자.

티슈를 이용하여 간단히 확인하기

피부 타입을 확인하는 방법은 의외로 간단하다.

아침에 일어나자마자 티슈 한 장을 뽑아 얼굴에 붙여 본다. 이마에서부터 양 볼, 턱까지 감싼다. 1분 정도 지나 티슈를 떼어내고, 기름기가 묻어난 정도에 따라 건성 피부, 지성 피부, 복합성 피부의 세 가지 타입으로 나누어진다. 이는 피부 피지가 어느 정도 피부 표면으로 분비되는가에 따라 판별한다. 전체적으로 기름기가 배어 있으면 지성 피부, 유분도 묻어나지 않고 종이가 달라붙지 않으면서 계속 당기는 느낌이면 건성 피부, 만약 유분이 이마, 코, 턱 같은 T-zone에서만 묻어나고 양쪽 볼에서는 묻어나지 않으면 복합성 피부, 그리고 티슈 색이 조금 진해질 정도로 기름이 적게 나오면서 티슈가 살짝 붙었다가 떨어지고 당기는 느낌이 강하지 않다면 중성 피부다. 좀 더 정확하게 자신의 피부 타입과 상태를 알려면 전문가의 도움을 받아 기계적인 측정을 하는 것이 좋다.

피부 타입은 주기적으로

사람의 피부는 계절마다 생활 패턴에 따라 피부 상태가 쉽게 변하므로 주기적으로 피부 타입을 확인하기 바란다.

여성의 70%가 건성·지성이라고 확실하게 분류할 수 없이 부위별로 상태가 다른 복합성 피부다. 엄밀히 말하면 정해진 피부 타입이란 없다. 피부는 끊임없이 변화하며 스트레스와 환경, 나이와 관리에 따라 달라지며, 현재 쓰고 있는 화장품에도 영향을 받는다. 또 생리주기, 영양 상태, 수면, 스트레스 등에 따라 변덕을 부리기도 하므로 정형화된 피부 타입은 모두 잊어버리고 새로운 얼굴을 대한 듯이 꾸준한 관찰로 현재 내 피부에 필요한 관리를 해 주어야 한다.

2. 피부 유형에 따른 손질법

1) 까칠까칠하고 바싹 마른 논바닥 같은 건성 피부

피부의 피지선과 한선 기능 저하로 피지량이 적고 수분 함량이 10% 이하로 감소되어 피부가 거칠고 탄력이 없어지는 현상을 말한다. 피지 분비의 저하 현상은 유전적으로나 연령 증가로 안드로겐 (Androgen) 분비가 부족하거나 영양 결핍으로 인해 발생할 수 있다. 피부의 표피는 피지와 수분량의 부족 현상으로 피부 노화가 급속히 진행되므로 적절한 수분 공급, 링클 케어, 적절한 호르몬 관리, 충분한 영양 관리가 필요하다.

건성 피부의 일반적 특징

① 피부색이 밝은 편이다

② 피부 표면의 피지와 수분량 부족으로 피부가 건조하다.

③ 세안 후 피부 당김이 심하다.

④ 모공은 매우 작아 눈에 잘 띄지 않는다.

⑤ 피부가 매끈하지 않고 퍼석거리며 각질이 일어난다.

⑥ 표정 주름이 쉽게 형성되고 피부가 얇다.

⑦ 피부가 건조가 심해지면 눈밑, 뺨, 턱, 입가의 피부가 늘어나고 잔주름이 생긴다.

⑧ 색소침착이 나타나고 화장이 잘 받지 않는다.

⑨ 아침에 일어나자마자 티슈를 얼굴에 댔을 때 아무것도 묻어나지 않는다.

건성 피부의 원인

① 각질층의 수분이 10% 이하로 부족

② 바람, 자외선, 한냉은 피부의 수분을 건조

③ 피지와 땀의 분비가 부족

④ 피부에 맞지 않는 세안제 선택 및 잘못된 세안 방법

⑤ 수면 부족, 신경과민, 호르몬 불균형

건성 피부의 관리 요령

세안　건성 피부는 피지 분비가 적어 피부 자체가 매우 건조하므로, 부드러운 크림 타입이나 풍부하고 리치한 리퀴드 타입의 저자극성 클렌저 제품을 사용하여 세안 시 가능하면 비누보다는 피부 자극이 덜한 보습 성분이 함유된 폼 클렌징 제품을 이용한다. 비누를 사용하면 천연 보습 물질까지 모두 닦여 나가 피부 상태를 더 악화시키기 때문이다.

특히 건성 피부는 피지와 수분 모두 부족하므로 세안 후 피부가 당기지 않도록 피지막을 손상시키지 않는 저자극의 부드러운 세안제(오일리 타입)을 사용하고 클렌저도 유·수분의 함량이 많은 크림 타입의 제품을 선택하자. 특히 뜨거운 물은 피지를 과도하게 제거하여 피부 건조를 심화시키므로 미지근한 물로 헹군 뒤 찬물로 톡! 톡! 두드려 주듯이 패팅한다.

화장수의 선택　건성 피부는 피부를 부드럽고 촉촉하게 하기 위해서는 피부의 수분 증발을 막아 주고 보습 효과가 우수한 유연 화장수를 사용하는 것이 좋다.

유연 화장수는 스킨로션과 스킨 소프너(skin softener)로 세안 후 바로 사용하여야 효과적이다. 피부가 건조하면서 민감한 경우 젖은 화장 솜에 스킨로션이나 에센스를 젖셔 5분 정도 보습 마스크 팩을 해도 효과적이다.

세안 후 유연 화장수를 바르면 피부를 약산성으로 회복시켜 주어 피부를 부드럽고 촉촉하게 만들고 클렌징의 잔여물을 제거해 주어 다음에 바르는 화장품의 피부의 흡수를 돕는다.

기초 손질법　건성 피부는 유분과 수분이 모두 부족한 상태이므로 오일 타입의 클렌징 제품을 사용한다.

보습이 함유된 클렌징 제품을 선택한 다음 내용물을 적당량 손바닥에 덜어 체온으로 따뜻하게 함으로써 클렌징의 효과를 배가시킨다. 반드시 미지근한 물로 깨끗이 세안한 후 본인 나이만큼 찬물로 패팅해 주면 탄력, 리프팅 효과도 있다. 세안 후 얼굴에 남아 있는 물기가 증발되면 피부 수분을 빼앗기 때문에 곧바로 피부 손질을 해 주어야 한다.

유분이 많이 함유된 보습 제품을 사용해 주면 특히 피부 케어에 있어서 보습 관리의(밤 10~새벽 2시 사이) 피부가 활발히 재생 활동하기 때문에 영양크림, 앰플, 아이크림, 보습 제품을 꼼꼼히 발라 피부 세포 재생 활동의 효과를 배가시킨다.

피부가 유난히 거칠고 건조하거나 수분 부족으로 푸석푸석해졌을 때는 빠른 시간 내에 피부에 수분을 집중적으로 공급해 주는 고보습 에센스, 앰플, 보습 마스크 제품을 사용하는 것이 효과적이다. 심한 사우나나 더운 열은 피하고 수분 공급을 위해 물을 충분히 마시도록 하라.

박선영 교수의

HOW TO TIP

건성 피부

화장수란?

화장수는 얼굴과 목 등에 발라 피부를 부드럽게 하는 동시에 기초화장이 잘 흡수되게 하기 위해 사용하는 액체 상태의 화장품을 말한다. 화장하는 물이란 뜻으로 그 주성분은 물(증류수)이며, 그 외에도 알코올, 유효 영양물질 등으로 이루어져 있다. 피부는 약산성 상태를 유지해야 피부가 건조해지지 않고 트러블도 생기지 않는데, 일반적으로 사용하는 화장수는 세안 후 불균형해진 피부의 산도를 약산성 상태로 유지해 주는 역할을 한다. 또한, 세안을 한 후에도 남아 있을 수 있는 노폐물을 닦아내어 클렌징 효과와 동시에 피부 청결과 피부 보호를 도와주는 역할을 한다. 따라서 귀찮다고 로션 또는 에센스만 바르는 것보다 스킨을 먼저 발라준 후 로션 등의 화장품을 발라 준다. 그래서 스킨과 로션이 세트로 팔리는 것이다.

건성 피부를 위한 관리

건성 피부의 식생활 관리 및 라이프 스타일

① 하루 10컵 정도의 물을 섭취한다.

② 충분한 영양 공급, 보습이 유지되도록 관리한다.

③ 지방 함유 식품 및 단백질을 충분하게 섭취하여 피부 조직
   을 구성하고 수분 증발을 방지한다.

④ 건성 피부와 각질화 예방을 위해 비타민A 함유 식품을 섭
   취한다.

⑤ 당질과 수분이 함유된 과일을 섭취한다.

⑥ vit E, vit B complex(복합체)도 충분히 섭취한다.

⑦ 태양광선, 자외선의 노출을 피한다.

⑧ 리치한 제품으로 충분한 수면을 한다.

건성 피부에 맞는 천연 팩

01. 바나나 으깬 것 1/2 + 영양크림 (에센스 적당량)

① 바나나를 으깨서 영양크림과 잘 섞는다.

② 깨끗이 세안한 얼굴에 ①을 골고루 펴 바른다.

③ 젖은 거즈 위에 한 번 더 펴 바른다.

④ 랩을 씌운 뒤 15분 정도 후 미지근한 물로 닦아 낸 뒤 찬
   물로 패팅 한다.

02. 바나나 으깬 것 1/2 + 물 1작은술 + 에센스 적당량

① 바나나를 으깨서 에센스 및 물과 잘 섞는다.

② 깨끗이 세안한 얼굴에 ①을 골고루 펴 바른다.

③ 젖은 거즈 위에 한 번 더 펴 바른다.

④ 랩을 씌운 뒤 15분 정도 후 미지근한 물로 닦아 낸 뒤 찬 물로 패팅 한다.

03. 달걀노른자 1개 + 꿀 1작은술 + 에센스 3~5방울

① 바나나를 으깨서 꿀과 에센스를 잘 섞는다.

② 깨끗이 세안한 얼굴에 ①을 골고루 펴 바른다.

③ 젖은 거즈 위에 한 번 더 펴 바른다.

④ 랩을 씌운 뒤 15분 정도 후 미지근한 물로 닦아 낸 뒤 찬 물로 패팅 한다.

잠깐! 팩 재료 위에 랩을 씌우면 피부에 밀착시키는 효과가 배가된다.

2) 계절에 따라 변화가 심한 복합성 피부 (중성 피부)

유·수분 균형이 잡힌 가장 이상적인 피부 타입이지만 쉽게 찾아 볼 수는 없다. 환절기에는 변화가 심하여 특히 여름에는 지성 피부 타입의 성향을 보이고, 겨울에는 건성 피부 타입이 나타날 때도 있지만, 계절에 상관없이 T-zone 부위(이마, 코 , 턱)는 오일리 하고 눈밑은 건조한 경우가 많다.

계절에 따라 알맞은 스킨케어 제품을 사용하여 유분과 수분의 균형을 유지하기 위한 마사지와 팩 등을 관리해 주는 것이 중요하다.

복합성 피부의 일반적인 특징

① 피부색은 중간 톤이나 약간 밝은 편이다.

② 햇볕을 받으면 피부가 달아오르는 현상이 있다.

③ 특히 T-zone에 뾰루지나 여드름 같은 피부 트러블이 자주 발생한다.

④ 계절에 따라 피부 상태의 변화가 심한 편이다.

⑤ 이마와 콧등의 모공 확대가 심한 편이다.

⑥ 세안 후 볼 부위는 당김이 느껴지기도 하지만, T-zone 부위는 바로 피지가 생긴다.

⑦ 눈 주위에는 잔주름이 생기기도 한다.

⑧ 피부의 탄력성과 혈색도 좋고 피부가 촉촉하다.

복합성 피부의 관리 요령

세안 T-zone 부위의 더러움은 클렌저로 물을 적신 손바닥에 거품을 충분히 내어 여러 번 마사지하듯 문질러서 깨끗하게 씻어 낸다. 상대적으로 본 부위는 가볍게 문질러 주듯이 세안한다.

T-zone 부위는 피지 제거 팩으로 여드름이나 뾰루지 등이 생기는 것을 방지해 주고, U존 부위는 수분 공급 팩을 해 주면 좋다.

화장수의 선택과 사용 중성 피부는 일반적으로 로션 또는 에멀전(Emulsion)이라고 하는 영양 화장수를 발라 준다. 영양 화장수는 주로 피부에 영양이나 수분을 공급하여 피부의 유·수분 균형을 조절해 주는 역할을 한다.

번들거리는 T-zone 부위는 수렴 화장수를 해 주고, 나머지 부위는 보습 효과가 좋은 화장수를 화장 솜에 충분히 적셔 5분 정도 수분 보습 팩을 해 준다.

기초 손질법 번들거리는 T-zone 부위에 지나치게 신경을 쓰다 보면 환절기나 건조한 시기에 볼 부위가 심한 건성이 될 수 있으므로 주의한다. 번들거리는 부위와 건조한 부위는 따로 관리해 주는 것이 좋으며, 건조해지기 쉬운 볼은 영양크림이나 수분 에센스로 보습 팩을 해 준다.

박선영 교수의
HOW TO TIP

복합성 피부

복합성 피부의 식생활 관리 및 라이프 스타일

① 보습을 유지하도록 수분 공급을 충분히 해 준다.

② 과도한 다이어트는 주름과 처짐을 준다.

③ 외출할 때는 여드름을 유발하지 않는 자외선 차단제를 바른다.

④ 필수지방산 함유 식품을 공급해 준다.

⑤ 비타민A와 비타민B 함유 식품을 충분히 공급한다.

⑥ 고당질, 고지방 식품은 제한한다.

⑦ 부위별로 피지 분지가 많은 T-zone 부분은 피지를 제거해 주는 클렌징을 해 주고, U-zone 부분은 보습 유지가 되도록 유분과 수분이 충분한 양의 크림이나 에센스로 피부를 관리해 준다.

박선영 교수의 How to Tip

복합성 피부에 맞는 천연 팩

01. 당근 팩 (당근 간 것 2큰술 + 해초 가루 / 밀가루)

① 당근 간 것 2큰술에 해초 가루 1작은술을 걸쭉하게 갠다.

② 깨끗이 세안한 후 얼굴에 ①을 얹고, 젖은 거즈를 얹어 넣고 한 번 더 펴 바른다.

③ 15분 정도 얹어 넣고 경과 후 스팀 타월이나 해면 스펀지로 닦아 낸 뒤 본인 나이만큼 패팅 한다.

02. 맥반석 팩 (맥반석 가루 2큰술 + 요플레 2작은술)

① 맥반석 가루 2큰술에 요플레 2작은술을 걸쭉하게 갠다.

② 깨끗이 세안한 후 얼굴에 ①을 얹고, 젖은 거즈를 얹어 넣고 한 번 더 펴 바른다.

③ 15분 정도 얹어 넣고 경과 후 스팀 타월이나 해면 스펀지로 닦아 낸 뒤 본인 나이만큼 패팅 한다.

03. 딸기 팩
(딸기 4개 + 해초 가루 1/2작은술 + 요플레 2작은술)

① 깨끗이 씻은 딸기를 갈판에 갈고 해초 가루 1/2작은술, 요플레를 걸쭉하게 섞는다.

② 깨끗이 세안한 후 얼굴에 ①을 얹고 젖은 거즈를 얹어 넣고 한 번 더 펴 바른다.

③ 15분 정도 얹어 넣고 경과 후 스팀 타월이나 해면 스펀지

로 닦아 낸 뒤 본인 나이만큼 패팅 한다.

04. 요구르트 팩

(요구르트 1큰술 + 우유 2큰술 + 오트밀 가루 2큰술)

① 요구르트 1큰술과 우유 2큰술 그리고 오트밀 가루 2큰술을 걸쭉하게 섞는다.

② 깨끗이 세안한 후 얼굴에 ①을 얹고 젖은 거즈를 얹어 넣고 한 번 더 펴 바른다.

③ 15분 정도 얹어 넣고 경과 후 스팀 타월이나 해면 스펀지로 닦아 낸 뒤 본인 나이만큼 패팅 한다.

05. 율피 팩

(율피 가루 1스픈 + 달걀흰자 1개, 우유 + 밀가루 1작은술)

① 달걀흰자를 거품 내어 율피 가루 1스픈, 우유 1숟가락, 밀가루 적당량을 걸쭉하게 섞는다.

② 깨끗이 세안한 후 얼굴에 ①을 얹고 젖은 거즈를 얹어 넣고 한 번 더 펴 바른다.

③ 15분 정도 얹어 넣고 경과 후 스팀 타월이나 해면 스펀지로 닦아 낸 뒤 본인 나이만큼 패팅 한다.

3) 조그만 변화에도 쉽게 자극받는 민감성 피부

민감성 피부는 피부 조직이 매우 섬세하고 얇아서 모공이 적고 자극에 민감하게 반응하므로 화장품 선택 시 상당히 관심과 주의를 필요로 한다. 여름철에 알레르기나 피부 염증도 자주 일어나므로 무엇보다도 자극은 적게 주는 쪽으로 관리해 주는 것이 좋다.

민감성 피부의 일반적인 특징

① 외부 자극에 저항력이 약하다.

② 모세혈관이 피부 표면에 드러나 보인다.

③ 정신적, 심리적 요인이 영향을 미칠 수 있다.

④ 자외선, 계절의 변화, 화장품 등에 의해 가려움증이나 빨갛게 부작용이 일어나기 쉬운 피부다.

⑤ 피부의 색소침착이 잘 나타난다.

⑥ 모공이 작다.

⑦ 알레르기 피부, 스트레스, 접촉성 피부염, 갱년기 여성, 자외선, 수면 부족 및 영양 결핍 상태일 경우 민감성 피부의 요인이 될 수 있다.

민감성 피부 관리 요령

세안 가능한 자극이 없는 클렌저를 사용하고 클렌저를 닦아 낼 때는 해면 스펀지나 젖은 화장 솜을 이용하는 것이 피부에 자극이 없다.

세안을 할 때는 피부 자극이 없는 클렌저를 손으로 문질러 충분히 거품을 내고, 얼굴에 마사지하듯이 피부의 노폐물을 미지근한 물로 헹군 뒤 찬물로 본인 나이만큼 톡! 톡! 튀기듯이 가볍게 헹구어 준다.

기초 손질 피부는 민감해서 많은 문제를 일으키지만, 어찌 보면 관리 방법은 참 쉽다고 할 수 있다.

민감성 피부 관리의 원칙은 딱 하나, 무엇보다도 피부 자극을 최소화하기! 민감성 피부는 지성이나 건성 피부에도 함께 나타날 수 있으며 무엇보다도 자극은 적게 하는 것이 중요하므로 세게 문지르거나 강한 마사지는 피하고 피부를 진정시키는 것이 좋다.

다른 피부 타입에 도움을 주는 화장품, 목욕용품 등이 민감성 피부에는 해가 될 수도 있다. 자신에게 맞는 화장품으로 patch Test를 실시하여 자신에게 알맞은 화장품을 올바르게 선택해야 한다. 손등이나 팔이 겹치는 부위에 조금씩 발라서 반응을 살펴본 후 피부에 바르도록 하라.

민감성 피부는 피부의 수분 유지에 각별히 주의를 기울여야 한다. 기온이 내려가고, 실내가 건조하고, 피부가 메말라지는 가을부터 가습기를 이용해 실내 습도를 적정 수준으로 유지해야만 피부 가려움증이 줄어든다. 건조증이 심해지면 엑스트라 버진 오일로 마사지하자. 몸은 깨끗이 씻고 마지막 물기를 헹구어 내기 전 오일로 안에서 밖으로 마사지하듯이 발라 준다. 마무리로 우유로 가볍게 마사지하듯이 헹구어 주면 촉촉한 피부로 태어날 것이다.

박선영 교수의

HOW TO TIP

민감성 피부

민감성 피부의 식생활 관리

① 자외선, 바람, 열 등의 외부 자극에 노출을 삼간다.

② 피부에 유분과 수분의 균형을 위해 적절한 영양 관리가 필요하다.

③ 자극성 있는 음식, 술, 담배는 피한다.

④ 민감성 피부는 주로 건성 피부나 알레르기성 피부일 경우 많이 나타나므로 피부가 건성이 되지 않도록 하거나 알레르기를 일으키는 원인을 찾아서 그 식품을 제한하도록 한다.

⑤ 비타민(B_2, B_6, C) 무기질(Fe, Zn, Cu, Se) 함유 식품을 충분히 섭취하도록 한다.

⑥ 화장품은 반드시 patch Test를 하여 자신에게 맞는 화장품을 선택해야 한다.

민감성 피부에 맞는 천연 팩

01. 오트밀 팩 (오트밀 가루 2큰술 + 우유 적당량)

① 오트밀 가루에 우유를 적당량 부어 걸쭉하게 만든다.

② 깨끗이 세안한 얼굴에 ①을 바르고 젖은 거즈를 얹고 한 번 더 안에서 밖으로 펴 바른다.

③ 15분 정도 후 미지근한 물로 헹군 뒤 본인 나이만큼 찬물로 패팅 하듯이 한다.

02. 수박 팩 (수박 흰 부분의 즙, 해초 가루 약간)

① 수박 즙을 내어 해초 가루를 묽게 풀어 놓는다.

② 냉장고에 차게 한 거즈를 ①에 흠뻑 적셔 얼굴에 붙인다.

③ ②에 한 번 더 팩을 얹는다.

④ 15분 후 미지근한 물로 헹군 뒤 찬물로 톡! 톡! 두드리듯이 패팅 한다.

03. 감초 팩 (감초 가루 반죽, 정제수 200ml, 글리세린 큰술)

① 감초 가루를 정제수에 잘 섞은 다음 글리세린을 넣고 감초 화장수를 만든다.

② ①을 냉장고에 넣어 두고 화장 솜에 담가 민감한 부위에 화장 솜을 얹는다.

③ 젖은 화장 솜으로 닦아 낸다.

04. 알로에 팩 (알로에 1쪽 + 해초 가루 1/2작은술 + 정제수 50ml + 오이 1/2)

① 알로에 껍질을 벗겨 믹서에 간 다음 해초 가루, 오이 1/2

간 것을 넣고 걸쭉하게 만든다.

② 깨끗이 세안한 얼굴에 ①번을 바르고 젖은 거즈를 얹고, 한 번 더 안에서 밖으로 펴 바른다.

③ 약 15분 정도 후 미지근한 물로 헹군 뒤 찬물로 패팅 하듯이 두드린다.

05. 약쑥 팩 (약쑥 가루 1작은술 + 감초 가루 1/2작은술 + 해초 가루 1/2작은술 + 정제수 100ml)

① 정제수에 해초 가루를 녹이고 감초 가루와 약쑥 가루를 섞어 묽은 팩이 완성된다.

② 얼굴에 젖은 거즈를 얹고 팩을 바른다.

③ 팩이 마르지 않도록 10분 후 다시 한번 덧바르고 10분 후에 거즈를 떼어 낸다.

④ 미지근한 물로 깨끗이 세안 후 찬물로 톡! 톡! 두드리듯이 패팅 한다.

4) 오렌지 껍질처럼 번들거리고 딱딱해진 지성 피부

피부는 오렌지 껍질처럼 번들거리고 딱딱해진다. 피지선 기능이 항진되어 과다한 피지가 분비되어 표면을 덮고 있어서 피부가 번들거리는 상태를 지성 피부라 한다.

코 부분의 T-zone과 턱 부분의 U-zone이 가장 심한 상태를 말하는데, 특히 T-zone 부위는 모공에 기름이 축적되어 검은 여드름(Black head)이나 여드름이 생기는 경우도 있다.

지성 피부는 무엇보다도 철저한 '클렌징'과 '이중 세안'이 가장 중요하다. 세안 후 아무것도 바르지 않아도 건조해지지 않지만, 피부를 진정시켜 주는 제품을 반드시 사용해 주어야 한다.

지성 피부의 일반적 특징

① 피지가 과다하게 분비되는 것은 유전적 요인과 남성 호르몬 (androgen)이 피지선의 발육을 촉진시킨다.

② 여드름이나 뾰루지 같은 피부 트러블이 자주 발생한다.

③ 과다한 피지 분비로 모세혈관도 확장되어 화장이 잘 지워진다.

④ 윤기와 탄력이 있어 쉽게 노화되지 않는다.

⑤ 피부의 각질층이 두꺼워지며 피부 질환이 쉽게 일어날 수 있다.

⑥ 피지 분비가 많아 번들거리고 전체적으로 피부 톤이 칙칙하다.

⑦ 피부는 조금 두꺼워 보이고 거친 편이다.

지성 피부의 관리 요령

과다한 피지 분비로 모공이 넓은 지성 피부는 세안을 하거나 기초 손질을 할 때 피지 분비를 억제하고 모공 깊숙이 쌓여 있는 피지와 노폐물을 제거하는 것이 관리의 포인트이다.

피지가 모공 밖으로 나오지 못하고 모공 속에 축척됨으로써 여드름이나 뾰루지 등이 생기기 쉬우므로 특별히 클렌징과 세안에 신경을 써야 한다.

세안　피지 분비가 과다하기 때문에 유분이 적은 클렌징 제품을 선택해야 한다. 먼저 클렌징 로션으로 메이크업이나 더러움을 닦아낸 다음, 30~35℃ 정도의 미지근한 물로 여드름 전용 폼 클렌저를 손바닥에 충분히 거품을 내어 얼굴에 마사지하듯이 가볍게 문지른 후 여러 번 깨끗이 헹군 다음, 마지막에는 찬물로 패팅 하듯이 모공 수축 효과를 준다.

화장수의 선택과 사용　냉장고에 넣어 차게 한 수렴 효과 및 모공 수축 효과가 우수한 수렴 화장수를 젖은 화장 솜에 적셔 가장 번들거리는 T-zone 부위에 두드리듯이 발라 주거나 5분 정도 얹어 두면 좋다. 수렴 화장수는 토닉로션(toniclotion) 또는 아스트린젠트(astringent)를 주로 사용한다. 화장수는 알코올의 함량이 10% 정도는 되어야 피지 분비를 억제하고 모공을 수축시키는 수렴 효과가 있다.

기초 손질법　무엇보다도 지성 피부는 유분 함량이 적은 제품(oil free)을 사용해야 한다.　반면 지성 피부라도 보습에는 신경을 써 주어야 한다. 스킨으로 피부 톤을 정리하고 유분이 적은 제품(oil free) 로션을 발라 주며, 보습 에센스나 수분 크림으로 수분을 보호한다. 자외선 차단 효과가 있는 모공을 막지 않는 가벼운 로션 타입의 제품을 선택하여 오일 프리 타입이나 여드름을 유발하지 않는 비코메도제닉(non-comedogenic) 제품이 적합하다. 다만 유분기가 없는 화장품만 바르다 보면 피부가 건조해져 수분이 부족한 지성 피부가 될 수 있으므로 주의해야 한다.

지성 피부를 위한 관리

① 숙면과 규칙적인 생활을 한다.

② 하루 1.5L 이상의 물을 마신다.

③ 철저한 클렌징과 이중 세안을 한다.

④ 밀가루 음식, 술, 카페인, 인스턴트 음식, 자극적인 음식을 제한하는 것이 지성 피부로 인한 여드름이나 여드름이나 피부 질환 상태를 완화시킬 수 있다.

⑤ 비타민B$_1$, B$_2$, B$_6$, 비타민C 등의 함유 식품을 충분히 섭취한다.

⑥ 피부의 각질화와 여드름 유발 예방을 위해 비타민A 식품을 섭취한다.

⑦ 피부 스트레스를 관리하기 위해 아로마 전문 제품을 이용한 수욕법을 권한다.

박선영 교수의

HOW TO TIP

지성 피부

모공 수축 팩 만들어 사용하기

화장 솜 4장에 냉장고에 넣어 차게 만들어진 수렴 화장수(아스트리젠트)를 충분히 묻혀 얼굴(이마, 양 볼, 턱)에 올려놓으면 모공을 수축시킬 뿐만 아니라 피부 탄력 증진(리프팅) 효과도 있다.

지성 피부에 맞는 천연 팩

넓은 모공을 수축시켜 주는 율피 팩

01. 율피 가루(밤 속껍질을 말려 가루를 낸 것)

① 율피 가루를 우유에 갠 다음, 달걀흰자를 거품 내어 밀가루를 적당량 넣어 걸쭉하게 만든다.

② 깨끗이 세안한 후 피부에 바르고 젖은 거즈를 얹어 한 번 더 바른다.

③ 15분 정도 후 미지근한 물로 헹군 뒤 본인 나이만큼 찬물로 패팅 하듯이 한다.

박선영 교수의 How to Tip

귤껍질처럼 모공이 넓은 피부

02. 우유 + 율피 가루

① 율피 가루에 우유를 걸쭉하게 만든다.

② 깨끗이 세안한 얼굴에 ①을 바르고 젖은 거즈를 얹고 눈과 입을 제외한 얼굴 전체에 한 번 더 바른다.

③ 15분 정도 지난 후 해면 스펀지나 스팀 타월로 닦아 낸 뒤 본인 나이만큼 패팅 한다.

03. 알로에 스킨 [알로에 속 40g + 정제수(생수) 적당량]

① 알로에 잎 자른 것을 깨끗하게 밀어 안쪽의 젤리 부분만 깨끗이 도려낸다.

② ①을 깨끗한 가제 수건에 싸서 즙을 낸다.

③ ②의 알로에 즙과 생수(정제수)를 1:1로 섞는다.

④ 15분 정도 지난 후 해면 스펀지나 스팀 타월로 닦아 낸 뒤 본인 나이만큼 패팅 한다.

04. 달걀흰자 팩 1개 + 올리브유 2방울

① 달걀 1개의 흰자를 거품 내어

② 깨끗이 세안한 얼굴에 마사지하듯이 바른 다음, 해면 스펀지나 스팀 타월도 깨끗이 닦아 낸다.

③ 찬물로 페팅 하듯이 씻어 낸다.

05. 우유 + 흑설탕 마사지

① 흑설탕을 충분히 우유에 녹여

② 깨끗이 세안한 얼굴에 양 볼, 콧방울, 이마에 마사지하듯이 문지른다.

③ 해면 스펀지나 스팀 타월로 닦아 낸다.

④ 마지막에 본인 나이만큼 찬물로 패팅 하듯이 씻어 낸다.

06. 우유 + 미용 소금 / 죽염

① 미지근하게 데운 우유에 미용 소금이나 죽염이 반 정도 넣고 완전히 녹을 때까지 저어 준다.

② 깨끗이 세안한 얼굴에 ①을 마사지한다.

③ 스팀 타월로 닦아 낸다.

④ 마지막에 본인 나이만큼 찬물로 패팅 하듯이 씻어 낸다.

3. 운을 열어주는 성공 피부 관리법

1) 올바른 피부 관리법

관리의 시작은 세안 Cleansing

클렌징이나 스크럽(Scrub) 혹은 마스크(Mask) 모두 피부에 맞게 선택해야 한다. 모두가 아는 것처럼 세안은 피부가 가지고 있는 본래의 피부를 지키면서 오염물질 등을 씻어 내는 단계로 피부 관리의 가장 기초적인 단계다. 보통 하루 두 번 세안하는데, 세안제는 액체, 겔, 크림, 오일, 비누 등이 있으며 피부 타입에 따라 선택한다.

아래쪽에서 위쪽으로 둥글게 원을 그리는 동작으로 솜털 속과 땀구멍 표면에 있는 오염물질을 손가락 끝이나 부드러운 수건, 화장 솔 등으로 깨끗이 씻어 준다. 또 이마와 귀 앞쪽으로 원을 그리는 동작은 세안은 물론 간단한 마사지 효과까지 준다.

HOW TO TIP

세안용품을 손에 덜어서 사용하는 이유?

클렌징 제품을 손바닥에 덜고 두 손으로 문질러 충분한 거품을 내고 체온을 이용해 따뜻하게 만들어 준 후 얼굴에 문지르면 얼굴 피부 자체의 온도가 상승되면서 열을 발산해 불순물을 피부 밖으로 밀어내기 때문이다.

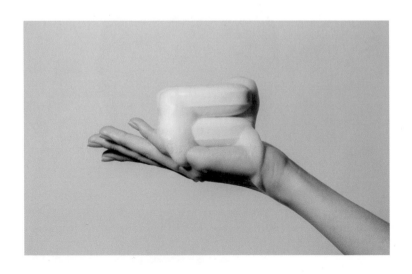

Super Cleansing,
피부에 생기를 주는 슈퍼 클렌징

피부 표면의 죽은 세포를 그대로 두면 피부가 거칠고 지저분해지기 때문에 스크럽이나 마스크로 죽은 세포를 제거해 주고 땀구멍 속 깊숙이까지 청소해 주는 것이 슈퍼 클렌징이다. 스크럽은 살갗을 부드럽게 벗겨내는 것으로 죽은 세포를 제거하고, 마스크는 땀구멍을 청소해 주는 것으로 두 가지 다 피부를 자극해서 생기를 주는 역할을 한다. 스크럽과 마스크를 함께할 경우에는 스크럽을 먼저, 마스크를 나중에 사용한다.

스크럽

스크럽은 피부가 상하지 않도록 부드러운 알갱이가 들어 있는 것을 선택한다. 튜브 제품은 녹두 알 크기 정도만큼 손바닥에 짜서 사용하고, 통에 들어 있는 제품은 손가락으로 덜어 쓰면 박테리아가 번식할 수 있으므로 스패출러나 작은 숟가락 등으로 퍼서 사용한다.

손가락 끝으로 스크럽을 피부 깊숙이 마사지하는데, 눈 주위를 피하면서 얼굴과 목 위쪽으로 둥글게 원을 그리듯 한다. 따뜻한 물로 잘 헹구어 낸 뒤 찬물로 나이만큼 패팅하면 피부가 부드러워지고 리프팅 효과도 있다.

피부 휴식 시간 팩

팩은 에센스나 로션 등과 성분이 거의 같다. 그저 똑같은 내용물을 훨씬 오랫동안 피부 위에 올려놓는다는 정도의 차이다. 팩을 한 직후에는 수분이 오랫동안 피부에 스며들어 훨씬 탱탱하고 맑아 보이지만, 세포가 먹을 수 있는 수분의 양은 한정되므로 시간이 지나면 다시 원래대로 되돌아오게 된다. 꼭 해야 하는 스킨케어는 아니지만 여유가 있다면 권하고 싶다. 특히 건성 피부라면 보습 효과가 탁월한 팩을 자주 해 주면 피부결이 개선되는 것을 느낄 수 있다. 하지만 팩을 통해 주름 제거나 미백 효과를 바라는 것은 좀 무리다. 아무리 고농축 성분이라 해도 15~20분 정도로 그런 기능을 수행하기는 어렵다. 이미 각질 제거나 미백 기능이 있는 로션이 있다면 굳이 이런 기능의 팩을 별도로 사용할 필요도 없다.

팩에는 건조한 후 떼어 내는 필오프 타입, 물로 씻어 내는 워시오프 타입, 종이 마스크를 얼굴에 붙이는 시트 타입 등이 있다. 필오프 타입은 마른 후 떼어 낼 때 피부에 자극을 주는 경우가 많기 때문에 신중하게 골라야 한다. 건조하거나 예민한 피부는 워시오프 타입을, 피지가 많거나 각질이 많은 피부는 필오프 타입을 선택한다. 시트 타입은 모든 피부에 두루 적합하고 사용도 간편하다. 특히 여행지에서 하루 일정을 끝낸 후, 비행기나 차 안에서 건조함을 느낄 때 사용하면 좋다.

'블랙헤드'를 쏙! 빼기 위한 세안 방법

코 주위에 모공을 막고 있는 까만 피지는 모공 입구에 각질세포와 세균, 지질이 뭉쳐서 검게 보이는 흑색 면포라 불리는 까만 피지는 특히 피지선의 숫자가 많아서 피부에 기름기가 많은 코 주위에 흑색 면포가 잘 생기는 것이다.

넓은 모공과 블랙헤드는 모공이 피지의 배출을 막아 생기는 것으로, 1주에 한 번 정도는 각질 제거제를 사용해 각질을 없애 주는 것이 매우 중요하다. 1주일에 한 번씩 뜨거운 스팀 타월을 만들어 1분간 얼굴에 마사지한 후 냉장고에 찬 우유를 화장 솜에 적셔 피부에 발라 주는 방법은 집에서 간단히 할 수 있는 각질 제거법으로, 뜨거운 스팀이 모공을 열어 각질을 부드럽게 하고 우유 속의 젖산이 모공 속 피지와 피부 표면의 묵은 각질을 살짝 녹여 주는 역할을 한다. 코와 턱 등 두꺼운 각질이 쌓이는 곳은 흑설탕과 마사지 크림을 섞어서 살살 녹인다는 느낌으로 마사지해 주면 각질을 제거할 수 있다. 마지막에는 반드시 차가운 물로 여러 번 페팅 하듯이 헹구어 모공 속 잔여물을 씻어 내고 스팀 타월로 넓어진 모공을 좁혀 주어야 한다.

증상에 따라 염증성 여드름이 심하거나 자잘한 좁쌀 형태의 여드름이 많아졌다면, 피부과에서 전문 치료를 받아 빨리 염증을 가라앉히고 여드름 자국이나 흉터가 남지 않도록 해야 한다. 집에서 더러운 손으로 여드름을 만지거나 손톱으로 짜내면 병변 부위의 혈관이 확장되고 짜낸 부위는 움푹 패어 흉터가 생길 수 있는데, 이는 평생 가는 흉터이므로 주의가 필요하다.

여드름 피부는 넓은 모공과 블랙헤드가 가장 큰 고민이다. 피지 분비가 가장 활발한 코 주변은 검은 피지로 뒤덮인 블랙헤드도 생기기 쉬운데, 이를 없애기 위해 잦은 코 팩을 하는 것은 코 모공을 넓혀 블랙헤드를 더욱 악화시키는 원인이 된다. 모공 손상 없이 블랙헤드를 깨끗이 청소하기 위해서는 팩 전에 1~2분가량 스팀 타월로 찜질을 해 모공이 자연스럽게 열리도록 유도하는 과정이 중요하다. 코 팩 후에는 반듯이 아스트린젠트 등의 피부 수렴제를 화장 솜에 충분히 적셔 코 부위에 올림으로써 이완되었던 모공에 탄력과 긴장을 주는 것이 좋다.

철저한 이중 세안 피부 청결은 블랙헤드를 없애는 첫걸음이다. 평소 클렌징을 할 때 피지 분비가 많은 T존 부위를 세심하게 닦아 주도록 한다. 아침에 일어나서는 미세한 거품의 폼 클렌징을 이용하여 부드럽게 T존 부위를 문질러 주고, 저녁에는 클렌징크림으로 세심하게 문질러 피지를 녹여 내고 폼 클렌징을 이용하여 이중 세안을 한다.

마사지와 팩으로 모공 청소 모공 입구를 막고 피부 위에 울퉁불퉁하게 굳어 있는 불필요한 각질과 피지 덩어리를 부드럽게 제거하기 위한 방법으로 피부에 자극을 주지 않는 마사지와 팩을 이용한다. 세안 후 컨트롤 크림 등의 마사지 크림을 바르고 피부결에 따라 부드럽게 마사지한다. 특히 블랙헤드가 많은 코 부분은 가운데 손가락을 이용하여 약간 힘을 주고 원을 그리며 둥글리듯이 문질러 마사지한다. 마사지 후에는 떼어 내는 타입의 팩을 얼굴 전체 또는 T존 부위에 바르고 팩제가 굳으면 아래에서 위로 떼어 낸다. 스팀 타월을 이용하여 얼굴 전체를 덮고 가볍게 찜질한다. 스팀 타월은 피부 온도를 높여 각질을 부드럽게 하고 모공 입구를 자연스럽게 열어 주어 블랙헤드 제거에 도움을 준다.

스팀 타월을 만드는 방법은 뜨거운 물에 타월을 담갔다가 꼭 짠 후 사용하거나, 물에 적셔 꼭 짠 타월을 전자레인지에 넣고 1~2분 정도 데운 후 사용한다. 너무 뜨거운 경우에는 스팀 타월을 살짝 털어서 온도를 맞춰 사용하도록 한다.

블랙헤드를 제거하고 나면 블랙헤드가 자리 잡고 있던 모공 입구를 조여 주어야 한다. 물에 적신 후 냉장고에 넣어 차갑게 한 화장 솜에 진정 및 수렴 효과가 우수한 스킨 '아스트리젠트'를 충분히 적셔 코 주위에 5분 정도 올려 두면 모공 수축 효과가 있다.

모공 수축을 위한 올바른 세안법

① 세안 전 반드시 손을 깨끗이 씻는다.

② 클렌징 제품은 손바닥에 덜고 문질러 두 손으로 충분히 거품을 내고 체온을 이용해 따뜻하게 만들어 준 후 3분 정도 얼굴에 마사지하듯이 문지른다.

③ 헹구는 물은 미지근한 물이 좋고, 헹구는 마지막 단계에 찬물로 본인 나이만큼 톡! 톡! 튕기듯이 가볍게 헹군다.

④ 타월로 물기를 닦을 때는 한쪽을 두드리듯이 가볍게 닦고 나머지 부분도 가볍게 닦아 낸다.

피지 분비를 줄이고 각질을 제거해 주는 팩들

달걀흰자 팩   달걀흰자를 거품을 충분히 낸 뒤 스팀 타월로 각질을 부드럽게 한 얼굴에 바른다. 10분쯤 지난 후 미지근한 물로 헹군 뒤, 헹구는 마지막 단계에 찬물로 본인 나이만큼 톡! 톡! 튕기듯이 가볍게 헹군다.

율피 팩   율피 가루를 걸쭉하게 정제수와 개어서 바른 뒤 10~15분 뒤에 미지근한 물로 헹군 뒤, 헹구는 마지막 단계에 찬물로 본인 나이만큼 톡! 톡! 튕기듯이 가볍게 헹군다.

당근 팩   당근 간 것을 밀가루에 걸쭉하게 섞어 얼굴에 바른 뒤 10~15분 뒤에 미지근한 물로 헹군 뒤, 헹구는 마지막 단계에 찬물로 본인 나이만큼 톡! 톡! 튕기듯이 가볍게 헹군다.

맥반석 팩   맥반석 가루를 생수나 정제수에 걸쭉하게 개서 바른다. 10~15분 뒤에 미지근한 물로 헹군 뒤, 헹구는 마지막 단계에 찬물로 본인 나이만큼 톡! 톡! 튕기듯이 가볍게 헹군다.

2) 피부에 내리는 은총, 천연 팩

피부가 좋아하는 천연 과일 팩 5가지

토마토 유기산과 비타민A와 C가 풍부해 지성 피부에 좋다. 콧등의 블랙헤드 제거에 효과적이다.

수박 호박보다도 좋은 이뇨제로 부기를 확실하게 빼 준다. 수박 속껍질을 갈아 냉장고에 넣어 두었다가 얼굴에 바르고 가제 수건을 덮고 10분 정도 지나면 피부가 촉촉해지면서 조여지는 느낌이 든다.

레몬 레몬과 생수의 비율을 1:10으로 만든 레몬 수를 냉장고에 넣었다가 가제 수건이나 화장 솜에 적셔 얼굴에 올려놓는다.

자두 젖산을 비롯한 각종 과일산이 풍부해 모공 수축과 각질 제거 효과가 크다. 씨앗을 빼고 믹서에 갈아서 사용한다.

딸기 비타민C와 젖산이 풍부해 각질 제거와 모공 수축은 물론 미백 효과도 뛰어나다. 강판에 갈아 얼굴에 붙이고 가제 수건으로 덮어 준다.

피부를 위한 좋은 생활 습관

- **미인은 잠꾸러기다.** 충분한 수면은 피부 미인의 지름길이다. 밤 10시부터 새벽 2시까지는 피부 재생이 활발해지는 시간이므로 반드시 잠을 자는 것이 피부 미용에도 좋다.

- **하루 8잔 이상의 물을 마신다.** 아기들 피부가 탱탱한 이유는 수분이 많기 때문이고, 피부에 수분이 부족하면 노화를 촉진시키고 잔주름이 생긴다. 하루에 이상적인 체내 수분 공급량은 1.5L이다. 한꺼번에 많이 마시기보다는 잠자리에서 일어나자마자 공복기나 식사 30분 전에 여러 번 나눠 마시는 것이 피부에 좋다.

- **좋은 식습관이 건강한 피부를 만든다.** 아름다운 피부를 위해서는 값비싼 고가의 화장품을 바르는 것보다 균형 있는 식사로 피부에 영양분을 주는 것이 중요하다.

- **적당한 유산소 운동을 한다.** 적당한 운동이 끝났을 때 피부를 보면 평소보다 더 깨끗하게 보이는데, 혈액순환과 신진대사의 촉진으로 피부 미용에도 효과적이다.

- **외출하기 전에는 반드시 자외선 차단제를 바른다.** 꾸준히 자외선 차단제를 바르는 것만으로도 기미, 주근깨, 검버섯 등과 같은 색소침착을 막을 뿐더러 잔주름 등 피부 노화도 예방할 수 있다.

- **눈 화장, 입술 화장은 반드시 전용 리무버 제품을 사용한다.** 눈 주위와 입술은 얼굴의 다른 부위의 피부 조직 자체가 민감하므로 전용 리무버 제품을 사용한다. 특히 눈밑 주름의 탱탱함으로 10년은 어려 보이기 때문에 피지, 노폐물, 메이크업은 깨끗이 지워주지 않으면 피부가 건조해지고 칙칙해진다.

- 클렌징 제품을 본인 피부 타입에 맞는 제품을 사용한다. 피부 미인들은 흔히 말하는 "클렌징을 열심히 했어요."라는 괜한 소리가 아니다.

- 반드시 이중 세안한다.

- 바른 자세로 수면을 취한다. 반듯하게 누워서 자는 습관을 들이자. 자신에게 맞는 베개를 선택하는 것이 중요한데 자기 주먹 정도의 높이가 적당하다. 몸에 맞는 베개는 목주름 예방을 위해서도 중요하다.

- 스트레스 요인을 제거한다.

- 1분의 웃음이 10분의 젊음을 유지하는 비법이다.

- 피부를 위해 비타민을 섭취한다. 비타민은 몸에 생기를 주는 동시에 피부에도 생기를 준다.

- 충분한 보습으로 피부에 생기를 준다. 피부에 직접 수분을 공급해 주는 것도 좋은 방법이다. 수분 팩이나 스팀 타월을 해 주면 피부에 수분을 공급해 줄 뿐 아니라 노폐물과 각질 제거 효과도 있다.

- 색조 제품도 기능성 제품을 선택한다.

- 일주일에 한 번씩 각질을 제거한다. 각질 제거가 우선되어야 피부 표면에 제품의 흡수력도 좋아져 보습과 미백 노화 방지에도 도움을 준다.

- 안티 에이징 제품을 꾸준히 사용한다.

- 안면 근육 운동 '아! 에! 이! 오! 우!'로 안면 근육을 풀어 준다.

아름다운 피부를 망치는 나쁜 습관

- **나쁜 식습관이 피부 노화가 빨리 온다.** 커피 카페인이 든 음료, 맵거나 짠 음식은 피부 노화를 촉진시킨다.

- **술과 담배는 피부의 적이다.** 술을 마시면 자외선에 의한 피부 손상을 막는 글루타치온(glutathione)의 항성을 급격하게 감소시켜 잔주름과 기미를 유발한다. 또한, 술의 주성분인 알코올(alcohol)은 혈관 팽창과 미세혈관 파열의 원인이 된다. 담배의 니코틴(nicotine)은 피부에 영양을 공급하는 혈관을 축소시켜 피부를 검고 칙칙하게 만든다.

- **지나친 세안과 사우나는 피부 노화를 촉진한다.**

- **스트레스는 피부의 적이다.**

- **새벽에 잠자리에 드는 습관은 반드시 고칠 것** 아름다운 피부를 가지려면 '미인은 잠꾸러기'라는 말이 있듯이 밤 10시~새벽 2시 사이는 반드시 잠자리에 들어 있어야 한다. 이 시간이 피부 재생하는 시간이므로 피부에 세포 재생이 활발해지는 밤 10시부터 새벽 2시까지 반드시 잠을 자는 것이 피부 미용에 좋다.

- **두꺼운 화장은 피부에 좋지 않다.** 지나치게 두꺼운 화장은 모공을 막아 버림으로써 피부가 호흡할 기회를 주지 않아 주름살, 각종 트러블을 야기하게 되는 것이다.

- **컴퓨터 앞에 오래 앉아 있는 것도 노화를 촉진한다.** 담배, 술, 자외선 못지않게 피부에 해로운 것이 바로 컴퓨터에서 발산되는 이온화 방사선으로, 노화를 유발한다.

- 과식을 하지 않는다.

- 너무 뜨거운 물로 세안을 하면 노화를 촉진한다. 너무 뜨거운 물로 세안을 하면 피부에 남아 있는 수분도 수증기와 함께 증발되어 유·수분을 잃어 피부가 건조해지고 거칠게 만드는 원인이 된다.

- 냉난방은 피부 노화를 촉진시킨다.

- 지나치게 높거나 낮은 베개는 숙면 방해와 목주름을 만든다.

- 자외선도 피부의 적이다.

- 팩은 너무 오래하면 피부 색소침착, 잔주름이 생길 수도 있다.

- 피로가 쌓이면 피부 노화가 촉진된다.

동안 피부를 만드는 십계명

① 하루에 물을 8잔 이상 마셔라.

② 규칙적인 생활을 하고 충분한 수면을 한다.

③ 스트레스를 관리한다.

④ 투명하고 아름다운 피부의 시작은 '이중 세안'이다.

⑤ 적당한 유산소 운동과 마사지로 피부를 탄력 있게 만든다.

⑥ 외출하기 전에는 반드시 자외선 차단제를 바른다.

⑦ 규칙적인 식습관이 아름다운 피부를 만든다.

⑧ 술, 담배는 하지 않는다.

⑨ 잦은 세안이나 사우나는 피한다.

⑩ 좋은 생각을 하고 긍정적적인 마인드로 생활하면 젊어진다.

동안 미인이 되기 위해서는
아기 피부로 태어나자!

피부에 수분을 주자

우리 몸을 구성하고 있는 요소 중 가장 큰 비중을 차지하고 있는 것은 바로 물로 신체의 70% 이상이 수분으로 이루어져 있다. 수분은 인체에 필요한 '자가 중독'으로 인한 영양소의 공급과 노폐물을 제거하는 작용을 하여 피부가 촉촉하고 건강하게 만드는 통로이기도 하다.

즉 수분은 신체의 건강은 물론 아름다움을 결정짓는 중요한 성분으로, 몸과 피부를 건강하게 유지할 수 있는 원동력이라 할 수 있기 때문이다.

표피의 각질층은 10~20% 수분을 함유하고 있으며, 각질층의 천연보호막이 피지막을 싸고 있어 수분의 증발을 막아 주는 것이라 적정한 수분 상태를 유지하는 피부는 촉촉하고 탄력이 있어서, 요즘 '동안 피부의 표본'이라 할 수 있다.

아기들 피부가 탱탱한 이유는 수분이 많기 때문이고, 피부에 수분이 부족하면 피부는 윤기와 탄력을 잃고 곧바로 노화를 촉진하는 지름길이며, 잔주름의 원인이 된다. 충분한 보습은 자외선에 의해 피부가 노화되는 것을 어느 정도 예방할 수 있으므로 수분 함량은 피부에 매우 중요하다. 수분을 제대로 섭취해야만 몸속의 독소가 배출되고, 세포도 탄력성을 잃지 않고 아름답고 건강한 피부로 만들어 준다. 얼짱 사진에도 각도가 있듯이 동안 피부의 미남미녀의 피부 수분 함량은 15~20%가 적당하다.

알맞은 수분 공급을 위해 가장 기본적인 것은 하루에 1.5L 정도의 물을 섭취하는 것이 수분 공급에 필수적이다. 한꺼번에 많이 마시면 위에 부담이 될 수 있으므로 잠자리에 일어나자마자 공복 때 혹은 식사 30분 전에 조금씩 여러 번 마시는 것이 좋다.

마시는 물이 대부분 배출되므로 별도로 수분 제품을 챙겨 발라야한다. 피부 각질층에는 천연보습인자(NMF)라는 것이 있어 수분을 적절히 유지하고 보습 효과를 준다. 그러므로 피부 노화는 표피와 진피층의 수분 함량의 감소가 주요 원인 중의 하나이다. 피부 관리를 위한 화장품이 최고의 목적은 피부에 수분을 공급하고 피부의 수분 증발을 막아 주는 것이다.

스트레스, 질병, 불규칙한 식습관, 무리한 다이어트, 음주, 잦은 사우나, 자외선, 냉난방, 공해, 바람…. 세안 등 여러 가지 요인에 의해 천연보습인자가 손실됨으로써 피부가 건조해지면서 노화의 원인이 된다.

박선영 교수의

HOW TO TIP

스팀 타월은 이렇게

피부 노폐물을 제거해 주고 수분 공급에도 효과적인 피부 관리의 필수 아이템! 타월에 물을 적셔서 가볍게 짠 후 전자레인지에 30초 정도 가열하면 간단하게 스팀 타월을 만들 수 있다. 각질을 부풀릴 때 스팀 타월을 사용하는 것도 피부의 자극을 줄이는 좋은 방법이다. 스팀 타월로 모공을 열어 준 뒤, 반드시 헹구는 마지막 단계에 찬물로 본인 나이만큼 톡! 톡! 페팅 하듯이 가볍게 헹구어 준다. 나이만큼 두드려 주는 이유는 나이가 들수록 그만큼 오랫동안 두드려 줘야 모공 수축에 도움이 되고 피부에 탄력을 주기 때문이다.

'물'에 대한 인체의 기능

① 변비 예방, 변비 해소에도 대단히 유효해 피부 톤을 맑게 해 준다.

② 고열, 감기, 설사 등의 건강상 문제가 있을 때, '물을 많이 마셔라'고 할 만큼 훌륭한 감기 치료제이다.

③ 술을 마실 때 물을 충분히 마셔 두면, 알코올로 인한 탈수 현상을 막고 간의 부담을 덜어 숙취 해소에도 도움이 된다.

④ 과음 후의 두통이 있을 때, 물을 마시면 어느 정도 예방이 가능하다.

⑤ 중요 영양 성분의 공급과 노폐물의 배출 시 운반 작용을 한다.

⑥ 열 손실과 열 발생 사이의 균형을 체온으로 조절한다.

⑦ 신체의 각 관절 사이의 연조직에 관절과 골격 근육섬유, 지방세포의 손상을 방지하여 체내 모든 장기를 각기 보호하는 기능을 수행한다.

personal color

메이크업 이미지 스타일

메이크업의 기초 공사, 베이스 메이크업
메이크업의 도구
눈길을 사로잡는 아이 메이크업
생기를 만드는 치크 메이크업
시선이 머무르는 립 메이크업

메이크업 이미지 스타일

메이크업은 일종의 파티라 생각한다. 메이크업은 일종의 폭발, 재미, 무엇보다도 아름다움을 창조하는 미학(美學)!

메이크업 자체가 지금 삶에 지쳐 있는 사람들에게 '붓' 하나로 '무에서 유를 창조하는 미(美)의 메신저'로서 삶의 활력과 '운(運)'을 아니 운명을 바꾸어 주기 위해서는 피부 액세서리 '화장품'의 선택이 중요하기 때문이다. 당신이 아름다움을 창조하는 미학(美學)의 여주인공이 되기 위해서는 정확한 도구가 필요하고, 그것을 어떻게 사용하는지를 잘 알아야 한다.

당신도 사랑받는 여자로, 향기가 있는 여자로 성공하고 싶은가? 그렇다면 지금 당장 자신이 쓰는 메이크업의 도구를 정확히 알아야 한다. 메이크업으로 호감적인 이미지로 변화한다면 세상은 분명 달라질 것이며, 당신은 메이크업의 변화로써 운명 속에 새로운 운(運)이 열린다는 것을 느끼면서 성공의 공식을 절반쯤 쌓아온 것이나 마찬가지이다.

1. 메이크업의 기초 공사, 베이스 메이크업

'동안 피부를 만드는 메이크업 베이스(Makeup Base)'

메이크업 베이스는 외부 환경과 색조 화장품, 메이크업으로부터 피부를 보호하고, 피부 톤을 보정해 준다. 얇은 피지막을 형성해 파운데이션의 퍼짐성과 밀착력을 향상하여 메이크업의 지속력을 높여 준다.

종류와 특징

리퀴드 타입

가장 많이 사용되며 가벼운 화장과 지성 피부에 좋다.

크림 타입

강하게 커버할 때나 건성 피부에 적합하다.

피부색에 따른 제품 선택

그린(Mint) 계열

기미, 잡티, 주근깨, 모세혈관이 확장된 붉은 피부나 여드름 자국 등 전체적으로 잡티가 많거나 울긋불긋한 피부에 적합하다.

연핑크(Pink) 계열

창백한 피부에 밝고 화사하게 혈색을 부여한다. 웨딩, 파티, 로맨틱 메이크업의 베이스로 적당하다.

옐로(Yellow) 계열

다소 검은 피부에 적합하며 어두운 피부를 중화시켜 밝게 표현한다.

오렌지(Orange) 계열

건강한 느낌을 주는 선탠 피부에 적합하다.

보라(Purple) 계열

칙칙하거나 노란 피부를 중화시켜 화사하게 연출한다.

화이트(White) 계열

피부를 투명하고 밝게 표현하고자 할 때 적합하다.

블루(Blue) 계열

얼굴의 붉은 기를 중화시켜 피부를 더욱 화사하게 연출한다.

파운데이션(Foundation), 이상적인 피부로 만들기

일반적으로 자외선 차단 효과가 있으며 피부색을 일정하게 조절해 줘 이상적인 피부색을 표현해 주고 기미, 여드름, 주근깨, 잡티 등 피부의 결점을 커버해 준다. 또한, 피부를 보호하고 수분 증발을 막아 보습 효과를 높이며, 윤곽을 수정해 주고 입체감을 부여한다.

종류와 특징

무스 파운데이션   거품 타입으로 흡수력이 좋고 사용감이 가벼우며 지성 피부에 적합하다.

리퀴드 파운데이션   파운데이션 가운데 수분 함량이 가장 많아 촉촉하며, 결점이 없는 피부를 자연스러운 피부 표현이 적합하다.

크림 파운데이션   적당한 유분과 커버력이 있어 높은 연령대 피부나 건성 피부에 적합하다.

쿠션 파운데이션 묽은 파운데이션이 들어 있
는 스펀지를 퍼프로 찍어 피부에 두드려 바르는
제품으로 계절에 상관없이 간편히 사용할 수 있다.

스킨 커버 크림 타입보다 커버력이 우수하여
무대 화장, 신부 화장 등 전문 화장에 적합하다.
결점이 많은 피부나 건성 피부에 적합하다.

스틱 파운데이션 단단한 고형 타입 제품으로 커버
력과 지속력이 뛰어나 TV, 영화, 광고, 무대 화장 등
전문 화장에 적합하다.

파우더 파운데이션 파우더를 압축시킨 매트한
타입의 파운데이션으로 간편하면서 스피드한 메이크
업에 적합하다. 지속력이 뛰어나며 뽀송뽀송하게
표현해 주므로 지성 피부에 적합하다.

투웨이 케이크 자외선 차단력과 커버력이 우수하
고 빠른 시간에 메이크업이 가능하며, 지성 피부에 적
합하고 여름에 사용하는 것이 좋다.

팬 케이크 방수 효과가 매우 뛰어나다. 물과
함께 사용해야 하며 베이스 메이크업의 효과를
차분히 마무리할 때 사용한다.

박선영 교수의

HOW TO TIP

파운데이션 바르는 요령

베이스 컬러(base color)

가장 많이 사용할 때는 안에서 밖
으로 2~3회 가로로 펴 바른 후 세
로로 펴 바르고, 2~3회 두드리듯이
눌러 주면 자연스럽고 아름다운 피
부를 연출할 수 있다.

셰이딩 컬러(shading color)

베이스 컬러보다 1~2단계 어두운 컬러다. 넓은 이마, 각진 턱,
코 양 측면 등에 사용하고 수축, 축소 효과가 있다.

하이라이트 컬러(Highlight color)

베이스 컬러보다 1~2단계 밝은 컬러다.
T존, 눈밑, 턱, 야윈 뺨, 파인 부분 등에
사용하며 팽창, 전진, 확대 효과가 있다.

파운데이션 어떻게 고를까?

아름다운 건물을 짓기 위해서는 기초 공사가 튼튼해야 하듯이 아름다운 피부 연출을 위해서는 파운데이션 선택이 중요하다. 기초의 토대 위에 옷을 입히는 작업이 그 어원인 데서도 알 수 있듯이 파운데이션은 잡티를 커버하고 피부를 아름답게 표현하기 위해 바르는 것이다. 이 때문에 색조 제품의 투자를 줄이고 파운데이션에 좀 더 투자하기를 권한다.

파운데이션을 고를 때는 얼굴과 목의 경계인 옆 턱선에 조금 바른 다음, 잠시 후 파운데이션을 바른 자국이 얼굴색과 섞여 구분되어 보이지 않는 색을 선택하면 된다. 파우더를 바르기 전 손가락으로 눌러 보았을 때 지문이 나타나지 않을 정도로 두드려 줘야 아름다운 피부 표현뿐 아니라 메이크업이 얼룩지지 않고 오랫동안 지속된다.

대다수 여성이 자신이 '한색'의 피부 톤이라고 생각하지만, 대부분은 '난색'의 피부 톤이다. 옐로 파운데이션은 거의 모든 피부 톤을 보완해 주고, 핑크색은 얼굴과 목에 핑크색의 언더 톤을 지닌 여성에게 어울리는데 이는 아주 드문 경우다. 옐로 피부 톤을 가진 많은 여성이 핑크 파운데이션으로 혈색 있는 피부색을 연출하려고 하는데, 이는 올바른 방법이 아니다. 더 젊고 신선하고 생기 있어 보이기 위해서는 옐로 톤을 도리어 강화해야 한다. 피치나 아이보리 계열의 따뜻한 색이 어울리는 사람은 같은 계통의 약간 노란색이 섞인 파운데이션을 선택하고, 뺨에 홍조가 있으면 핑키한 파운데이션이 잘 맞는다. 머리카락이나 눈썹이 짙은 사람 가운데 얼굴에 붉은 기가 돌면 로즈 톤이 도는 붉은색 계통을, 화장하지 않은 혈색이 누런 경우에는 베이지색 파운데이션이 좋다.

슬라이딩 기법

- 얼굴 전체에 고르게 넓은 부위에 엷게 펴 바를 때 사용하는 테크닉이다.
- 파운데이션 소량을 퍼프에 묻혀 얼굴의 안쪽에서 바깥쪽으로 가볍게 슬라이딩한 다음, 두드리면 자연스러운 두께로 발라진다.

페팅 기법

- 페팅은 가운데 손가락과 약손가락으로 토닥토닥 소리가 날 정도로 두드리는데, 두텁게 많은 양을 바를 수 있다.
- 두드리는 기법으로 피부의 결점 부위 등 좁은 부위를 자연스럽게 베이스 색과 연결시키는 데 효과적이다.

톡톡톡, 피부 결점 커버 컨실러(concealer)

눈밑 다크서클, 붉은 반점, 기미나 주근깨 등 피부 결점을 커버할 때 사용하며, 피부의 파인 부분을 메워 주기도 한다. 또한, 하이라이트 효과를 줌으로써 화사하고 입체적인 윤곽을 표현한다.

컨실러는 피부 톤보다 1~2톤 밝은 것을 사용하며, 문제 부위와 질감을 맞추는 것이 중요하다. 눈밑 부위에 사용하는 컨실러는 수분이 있거나 크림 타입이어야 다크서클을 커버할 수 있는 반면, 손상된 모세혈관을 커버하기 위해서는 오래 지속되는 것이 중요하므로 훨씬 건조한 질감이어야 한다.

종류와 특징

리퀴드 타입 수분량이 많고 얇게 표현되므로 자연스러운 피부 표현에 적합하다.

크림 타입 쉽게 퍼지고 유연하여 건성 피부에 적합하다.

스틱 타입 유분이 많고 결점을 보완하는 커버력이 우수하다. 붉은 반점이나 뾰루지 등을 커버하는 데 사용하며, 액상 파운데이션보다 빠르고 간편하게 커버할 수 있어 빠른 교정에 좋다.

펜슬 타입 결점 부위가 적은 경우, 특히 점이나 여드름 자국 같은 작은 결점 부위만을 커버할 때 좋다.

컨실러로 다크서클 커버하기

① 눈가에 아이크림을 충분히 바르고 2~3분간 그대로 두어 충분히 흡수되도록 한다. 아이크림은 컨실러의 밀착력을 높인다. 눈밑이 건조하면 컨실러가 뭉치고 들떠 보일 수 있으므로 반드시 사용한다. 눈밑은 다른 부위보다 땀샘이 적어 유분기가 없으므로 수분을 충분히 공급해야 한다.

② 티슈나 스펀지로 눌러 잔여물을 흡수시킨다. 아이크림은 충분히 바를수록 좋으나 유분기가 너무 많이 남아 있으면 컨실러의 밀착력이 떨어질 수 있으므로 아이크림을 바르고 몇 분 후 흡수되지 않은 잔여물을 제거해 컨실러의 밀착력을 높인다.

③ 얼굴에 그늘이 생겨 변색된 부분을 피붓결에 따라 컨실러용 브러시를 이용해 컨실러를 넓게 펴 준다. 피부가 전체적으로 밝아진 느낌이 든다.

④ 다시 손가락을 이용해 피붓결에 따라 가볍게 두드리고 콕콕 눌러 주는 동작으로 컨실러가 매끄럽게 표현되도록 한다. 이때 눈의 앞머리 부분이나 눈꺼풀도 그늘이 져 있다면 그 위에도 컨실러를 사용한다.

⑤ 다크서클이 심하면 파운데이션 색상보다 두 단계 밝은 컨실러를 파운데이션을 사용하기 전에 발라 준다. 컨실러 위에 파운데이션을 바를 때는 밀지 말고 두드리거나 눌러 주는 동작으로 표현해야 컨실러가 닦이지 않는다.

뽀송뽀송, 페이스 파우더(Face Powder)

파운데이션을 사용할 때 생기는 피부의 유분기를 눌러 주어 메이크업이 오래 유지될 수 있도록 하며, 자외선으로부터 피부를 보호해 준다. 또한, 기초와 색조 메이크업을 오래 지속하는 고정분 역할을 한다.

종류와 특징

분말형 파우더 투명한 피부로 표현할 때 사용되며 입자가 섬세하여 피부에 곱고 얇게 발라져 땀이나 물에도 얼룩지지 않는다. 단 가루가 날려 휴대하기 불편하지만 압축된 형태보다 더 많은 유분 흡수제가 함유되어 있어 유분이 많은 지성 피부에 좋다.

압축형 파우더 분말형에 비해 휴대가 간편하고 피지 흡수력이 우수하며 커버력도 뛰어나다.

박선영 교수의
HOW TO TIP

파우더 바르는 요령

파우더는 메이크업을 지속해 주기 때문에 파우더가 없다면 화장이 온종일 지속되는 일은 불가능하다. 또한, 피부의 유분을 흡수해 피부를 투명하고 자연스럽게 보이게 만드는 마지막 작업이다. 메이크업을 하지 않은 얼굴에도 모이스처 제품을 사용한 후 블러서 대용으로 사용할 수 있다.

파우더를 덧바를 때는 피부가 건조해지기 쉬우므로 얼굴에 미네랄워터 스프레이를 뿌려 주는 것이 좋다. 퍼프로 파우더를 바를 때는 문지르지 말고 가볍게 두드리듯 발라 주어야 화장이 들뜨지 않는다. 수정 메이크업을 할 때는 티슈로 유분을 제거한 후 덧발라야 뽀송뽀송하고 섬세한 화장을 할 수 있다. 피지 분비가 왕성한 T-zone 부위에는 소량만 발라 준다.

파우더는 지성 피부에 절대적인 제품으로 피부의 유분기를 제거하고 뽀송뽀송한 피부로 연출할 수 있다. 분말 입자가 고울수록 좋은 파우더이다.

2. 메이크업 도구

　아름다운 메이크업을 최상으로 하기 위해서는 정확한 도구가 필요하고, 그것을 어떻게 사용하는지를 알아야 한다. 메이크업을 하기 전에 먼저 필요한 도구에 대해서 정확히 알아 두는 것이 중요하다. 물론 마술과도 같은 메이크업 스킬은 타고난 감각을 가진 특별한 사람의 경우나 전문가의 영역이지만, 기본적인 것은 연습으로도 충분하다.

　그러므로 메이크업을 할 때 무엇보다 중요한 것은, 내가 원하고 내게 어울리는 이미지가 어떤 것인지 정확히 아는 것, 또 내가 처한 특별한 상황에 적절하게 어울리는 이미지가 무엇인지 판단하는 것, 그리고 그 이미지를 실현시켜 줄 구체적이고 아름다운 메이크업을 최상으로 하기 위해서는 정확한 도구가 필요하고, 그것을 어떻게 사용하는지를 알아야 한다.

여기에 일상적으로 유용하게 쓰이고 또 누구에게나 중요한 몇몇 상황에 필요한 메이크업을 하기 위한 메이크업 도구를 모았다.

이제 원하는 메이크업 이미지를 찾기 위해 메이크업 도구를 활용해 보자.

갯바위 얼굴을 'CD'로 만드는 페이스 메이크업의 필수품, 스펀지

스펀지

메이크업 베이스나 파운데이션을 바를 때 사용한다. 스펀지를 선택할 때 가장 중요한 점은 피부에 부드럽게 미끄러지는 고품질의 라텍스 성분을 확인하는 것이다. 라운드형, 타원형, 삼각형 또는 쐐기 모양 등 다양한 모양이 있으니 용도에 따라 사용하면 된다.

특히 삼가형은 눈 주위나 콧방울 같은 세심한 부위를 꼼꼼히 펴 바르는데 적합하다. 얇게 펴 바르는 슬라이딩 기법과 톡톡 두드리는 패팅 기법으로 자연스러운 피부 표현을 완성할 수 있다. 자주 세척하여 청결을 유지하거나 스펀지 전용 클린저를 이용하면 뽀송하게 사용할 수 있다.

NBR 스펀지 퍼프

파우더 파운데이션이나 트윈 케이크 같은 프레스 타입의 파우더 제품을 사용한다. 마른 퍼프 상태로 사용하면 파우더하고 매트한 사용감을 물에 적신 후 꽉 짜서 사용하면 촉촉한 피부 표현을 연출할 수 있다.

해면 스펀지

물에 담그면 부드러워지는 천연 스펀지로 벗겨지지 않는 것이 특징이다. 팬케이크를 사용할 때 편리하며 사용 후 따뜻한 물에 빨아 건조하면 딱딱한 상태로 변한다.

분첩(퍼프, Puff)

파우더를 바를 때 사용하는 도구로 100% 면을 사용하는 것이 좋으며, 문지르지 말고 눌러 사용한다. 분첩을 접었다 펴도 회복력이 빠른 것을 고른다. 미지근한 물에 비누나 중성세제를 사용하여 세척하고 손으로 물기를 꼭 짠 다음, 손바닥으로 톡톡 친 후 바람이 통하는 그늘에서 말린다.

브러시(Brush)

사용 후 중성세제에 흔들어 빨고 린스 물에 30초 정도 담근 다음, 흐르는 맑은 물에 헹군다. 헹군 후 그대로 털어 결을 잘 정리하여 그늘에 뉘어 말린다.

브러시의 종류와 특징

 **페이스 브러시** 메이크업 브러시 가운데 가장 크고 부드러운 브러시로 퍼프 대신 파우더를 처리하거나 과다한 파우더를 털어내 투명한 느낌으로 마무리해 준다. 특히 가벼운 수정을 위한 가장 좋은 도구로 이미 얼굴에 바른 파운데이션을 부드럽고 고르게 펴 주는 데 좋다.

 팬 브러시 부채꼴 모양의 브러시로, 파우더의 남은 잔여물이나 아이섀도 화장 후 눈밑에 떨어진 여분의 섀도 등 화장품 잔여물을 제거할 때 사용된다.

 치크 브러시 얼굴의 음영이나 볼의 생기를 표현할 때 사용한다. 털이 풍성하고 부드러울수록 색 표현이 좋다.

 **노우즈 브러시** 사선 모양의 숱이 많은 브러시로 코 부분의 입체감을 표현할 때 사용한다. 힘 있고 숱이 많을수록 좋다.

사선형 눈썹 브러시   눈썹의 빈 공간을 채우거나 눈썹을 짙게 만들기 위해 아이섀도나 눈썹 연필과 함께 사용하며 각진 사선 형태가 가장 이상적이다. 스모키 메이크업의 아이라이너도 그릴 수 있다.

아이섀도 브러시   족제비 털로 만들어진 것이 미세한 눈 부분의 피부를 자극하거나 당기지 않아 좋으며, 납작하고 넓으며 숱이 많고 끝이 둥근 것이 좋다. 베이스용은 폭 12~15mm 정도의 납작하고 넓은 것을 사용하고, 메인 컬러용은 8~10mm, 하이라이트용은 10mm 전후, 언더라인이나 포인트용은 5mm가 적당하다.

아이라이너 브러시   아이라인을 그릴 때 사용하며, 가늘고 탄력이 좋아야 하고 끝이 갈라지지 않는 브러시라야 선명하게 그릴 수 있다.

립 브러시   털이 부드럽고 길이가 일정하고 탄력이 좋아야 한다. 끝이 둥근 라운드형 브러시는 곡선형의 입술을, 반듯하게 잘려진 스트레이트형 브러시는 각진 입술을 표현할 때 사용된다.

속눈썹 빗(Eyelashes Brush) 눈썹을 엉겨 붙지 않게 하는 데 사용하며 특히 마스카라가 뭉쳤을 경우 빗어 주는 빗이다.

아이 메이크업 도구

면봉(Cotton Swab)

부분 메이크업 혹은 세심한 수정 시에 용이하며, 머리가 둥근 것과 뾰족한 것이 있는데, 사용 목적에 따라 구분하여 사용한다.

아이래시 컬러(Eyelash Curler)

직선의 속눈썹을 곡선으로 만들어 눈을 커 보이게 하고 표정을 풍부하게 만들어 준다. 작은 고무를 눌러 조절하며 3단계로 사용하는데, 눈을 감지 말고 아래 무릎을 본 상태로 속눈썹 뿌리에서 한 번, 중간에서 한 번, 눈썹 끝에서 한 번 눌러 주면 컬이 훨씬 잘 생기고 오랫동안 유지된다.

스파출러(Spatula)

립스틱·크림·파운데이션 등을 용기에서 덜어내어 위생적으로 사용할 수 있으며 간단한 컬러 테스트도 할 수 있다.

눈썹 칼(Eyebrow knife)

눈썹 윤곽을 잡아 털을 제거하거나 눈썹의 잔여 털을 제거할 때 사용한다. 비스듬히 뉘어 사용하며 최근에는 전동식을 사용하기도 한다.

인조 속눈썹(Fake Eyelashes)

속눈썹을 더욱 길고 풍성하게 보이기 위해 사용하는 것으로 숱의 정도나 색상이 다양하므로 표현 목적에 따라 선택할 수 있다. 한 가닥씩 떨어져 있는 스트립 타입, 몇 가닥이 뭉쳐 있는 플레어 타입, 속눈썹 모양이 하나로 붙어 있는 스트랜드 타입이 있다.

자연스럽게 연출하고 싶다면 표시가 잘 나지 않는 스트립 타입이 좋다. 스트립 타입을 붙이기 전에 펜슬 타입의 아이라이너로 아이라인을 그리면 어느 부분에 붙어야 하는지 알기 쉬우며, 본래 눈썹과 인조 속눈썹의 차이를 감춰 준다. 속눈썹 자리에 최대한 가까이 붙여 주면 훨씬 더 자연스러우며, 그 위에 액상 라이너를 바르면 붙인 자리가 표시 나지 않는다.

스트랜드 타입은 일반적으로 광고 등에

많이 쓰이는데, 본래 속눈썹 위에 바로 붙이며 풍성하고 긴 속눈썹을 연출해 준다.

3. 눈길을 사로잡는 아이 메이크업

메이크업은 일종의 파티라 생각한다. 메이크업은 일종의 폭발, 재미, 무엇보다도 아름다움을 창조하는 미학(美學)!

메이크업 자체가 지금 삶에 지쳐 있는 사람들에게 '붓' 하나로 '무에서 유를 창조하는 미(美)의 메신저'로써 삶의 활력과 '운(運)'을 아니 운명을 바꾸어 주기 위해서는 눈길을 사로잡는 아이 메이크업 선택이 중요하기 때문이다.

당신이 아름다움을 창조하는 미학(美學)의 여주인공이 되기 위해서는 아이 메이크업을 어떻게 하는지를 잘 알아야 한다.

눈길을 사로잡는 아이 메이크업

눈 화장의 시작, 아이베이스(Eyebase)

아이베이스는 눈 화장을 밀리게 하는 파운데이션 대신 눈두덩에 바르는 화장품으로 눈 화장이 잘 퍼지게 한다.

자연스러운 눈썹 연출, 아이브로(Eyebrow)

얼굴의 '지붕'이라고 할 만큼 중요한 눈썹은 얼굴 전체의 분위기를 좌우하며 얼굴형이나 눈매를 보완한다.

종류와 특징

펜슬 타입 크림 성분이 있어 사용이 편리하며 깨끗하고 선명하게 그려지나 인위적으로 보일 수 있다. 너무 매끈거리는 제품은 밀착력 있게 그려지지 않아 얼룩이 지고 부자연스러워 보인다.

섀도 타입 가장 자연스러운 눈썹을 표현할 수 있다.

에보니 타입 자극 없이 부드럽게 한 올 한 올 모를 심듯이 그린다. 흑연을 함유한 발색력이 없는 흑갈색이 좋으며 연필을 뉘어 그려 준다.

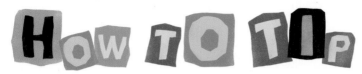

박선영 교수의 HOW TO TIP

눈썹 예쁘게 그리기

아이브로우 펜슬을 사용할 때는 눈썹털이 자라는 방향으로 한 올 한 올 모를 심듯 세심하게 그려 준다. 절대로 한 번에 쭉 그리면 안 된다. 짧은 털이 난 것처럼 짧게 터치하듯이 그리는 것이 자연스럽다. 각이 있는 브러시로 그 위를 터치해 주면 펜슬로 그린 부분이 퍼지면서 훨씬 자연스럽게 연출할 수 있다. 어떤 타입의 제품을 사용하든지 반드시 눈썹용 브러시로 마무리 한다.

이상적인 눈썹의 위치는 양쪽 콧방울에서 수직으로 올린 지점에 눈썹 앞머리가 위치하고, 눈썹 꼬리는 콧방울에서 눈꼬리를 연결한 선과 만나는 지점에 위치한다.

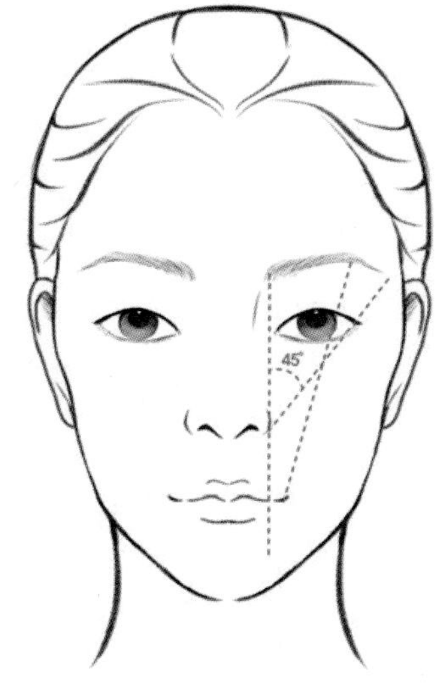

아름다운 눈매, 아이섀도(Eyeshadow)

눈에 색감과 음영을 주어 눈매를 수정·보완하고 입체감을 준다. 눈에 색의 대비 효과를 주어 아름다운 눈매를 연출한다.

종류와 특징

케이크 타입 가장 일반적이다. 색상이 매우 다양해 혼합해 쓰기에 좋지만, 시간이 지나면 지속력이 떨어지므로 가루 날림에 주의해야 한다.

크림 타입 유분이 함유되어 부드럽게 잘 퍼지며 밀착력이 좋아 장시간 메이크업에 많이 이용된다. 발색이 선명하고 지속력도 있으나 뭉치거나 얼룩지기 쉽다.

펜슬 타입 휴대가 간편하여 손쉬운 메이크업에 효과적이다. 그러나 뭉칠 우려가 있어 그라데이션이 어려우며 색상이 다양하지 않다.

파우더 타입 눈가나 입술 중앙에 하이라이트용으로 사용되며 펄이 함유된 것이 일반적이다. 파티 메이크업이나 사이버 메이크업 등에 많이 사용한다.

박선영 교수의

How to Tip

아이섀도 어떻게 고를까?

하이라이트를 펴 바를 때 따뜻한 사람은 아이보리나 피치, 차가운 사람은 샴페인의 하이라이트를 바른다. 포인트 컬러는 눈의 윤곽을 만들어 주는 라인이다. 브라운이나 그레이 같은 뉴트럴 색조를 선택하면 갈색 눈동자에 자연스럽다.

악센트 컬러는 눈의 바깥쪽 끝부분에 바르는데, 눈빛과 일치하는 색보다는 어울리는 색을 소량 바르고 브러시로 중앙에서 바깥쪽으로 쓸면서 눈두덩의 아이섀도가 자연스럽게 섞일 수 있도록 잘 펴 준다. 손등에서 양을 조절하면 색상을 만들기 쉬우며, 가로 방향으로 소량씩 덧바를 경우 밀착력이 우수해져 지속 시간이 길어진다.

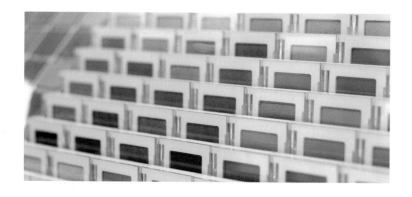

박선영 교수의 How to Tip

Color Choice, 아이섀도 색상 선택의 원칙

- 의상의 색과 같은 계열 또는 조화로운 색을 선택한다.

- 각 계절의 분위기와 이미지에 어울리는 색을 선택한다.

- 메이크업 분위기(T.P.O)에 따라 색이 가지고 있는 감정을 이용한다.

- 눈의 장점을 강조하고 단점을 커버할 수 있는 색상을 고른다.

Shadow & Skin color, 내 피부색에 맞는 컬러는?

갈색계 모든 피부에 어울린다.

- 입체감을 살린다.

- 자연스럽고 차분한 느낌으로 모발 색과 가장 잘 어울린다.

적색계 핑크계의 흰 피부에 어울린다.

- 자칫 충혈된 눈으로 보일 수도 있다.

- 귀엽고 사랑스러운 매혹적인 느낌이다.

- 언더 섀도는 피하는 것이 좋다.

청색계 모든 피부에 어울린다.

- 눈을 가장 또렷하게 만드는 색으로 여름 메이크업이나 무대 화장에 많이 사용한다.

- 전체보다 부분 포인트 색으로 사용한다.
- 언더 섀도는 피하는 것이 좋다.

회색계 흰 피부에 적합하다.

- 눈 앞머리나 볼에 포인트를 주면 좋다.
- 패션쇼 등에서 많이 사용된다.

녹색계 다갈색 계열의 피부에 적합하다.

- 건강하고 발랄한 느낌을 준다.
- 흑백사진 메이크업에 적당하다.

보라색계 핑크계 피부에는 밝은 보라가, 어두운 핑크계 피부에는 어두운 보라가 어울린다.

- 우아함, 요염함, 성숙함, 신비함 등의 느낌을 준다.
- 파티 메이크업에 적당하다.

내 눈컬러에 맞는 아이섀도 고르기

아이 컬러	섀도 컬러					
Blue	ash	taupo	gray	heather	slato	lllac
Green	yellow loned bege	camel	heather	moss	slate	taupe
Brown	cement	sable	mocha	khaki	stone	bark

선명한 눈매, 아이라이너(Eyeliner)

눈매를 보다 생동감 있고 또렷하게
연출하고, 눈의 크기를 달라 보이게
해 주며 눈의 형태도 수정한다. 또한,
속눈썹을 길어 보이게 하여 마스카라
의 효과를 상승시킬 수 있다.

색상과 특징

검정색   가장 많이 사용되며, 눈매를 커 보이게
하고 검은 눈동자에 잘 어울린다.

갈색   눈이 크거나 인상이 강한 눈을 자연스럽
게 표현해 준다.

회색   세련된 분위기를 연출해 준다.

청색   시원하고 차가운 느낌을 주기 때문에 여름 메이크업에 어울
리고, 젊고 깨끗한 이미지를 나타낼 때도 좋다.

종류와 특징

리퀴드 타입

내수성·방수성이 좋고 색상이 선명해 뚜렷하게 표현되나, 광택이 나는 리퀴드 타입은 부자연스러울 수 있으므로 매트한 제품을 선택할 때는 주의해야 한다. 일단 그리고 나면 수정이 어렵고 펜슬 아이라이너보다는 고도의 테크닉이 필요하며 속눈썹 가까이 모를 심듯이 잘 그려야 한다.

액상 타입의 아이라이너를 사용할 때는 위 속눈썹 라인의 눈꼬리 쪽에서 모를 심듯이 그려 눈동자 중앙까지 그린 후 눈 앞쪽을 자연스럽게 그린다.

펜슬 타입

자연스러운 메이크업에 좋으며 사용이 편리하지만 정교한 연출이 어렵고 지속력이 떨어져 쉽게 지워지거나 잘 번진다. 펜슬의 심은 부드러운 것이 좋지만, 오래되어 심이 단단해졌다면 헤어드라이어로 잠시 더운 김을 쏘여 주면 부드럽게 그려진다. 눈꼬리 쪽에서 시작해 조금씩 심듯이 그려 눈 앞머리 방향으로 연결하고 스펀지 브러시를 이용해 가볍게 펴 준다. 같은 색상의 파우더 타입의 섀도를 그 위에 펴 주면 자연스러워진다. 이렇게 하면 펜슬의 선 느낌을 부드럽게 펴 주고 번짐까지 방지할 수 있다.

또한, 아래쪽 속눈썹 라인에도 펜슬을 사용한 뒤 스펀지 브러시로 블렌딩하면 저녁 시간에 더욱 깊이감 있는 눈매를 만들 수 있다. 아래쪽 속눈썹 라인은 위쪽 속눈썹 라인을 따라 연결시킨 뒤 눈꼬리 쪽으로 점진적으로 농담을 조절해 펴 준다. 눈 앞머리 쪽으로 갈수록 점점 연해지고 두께도 얇게 펴 준다. 눈 앞머리까지 똑같은 두께로 펴 주면 눈이 더 답답하고 작아 보일 수 있다.

케이크 타입

물이나 스킨을 섞어서 사용한다. 번들거림이 없어 자연스러우며 펜슬 타입보다 지속력이 좋다. 또한, 젖은 브러시로 액상 타입과 동일한 방법으로 표현하고, 취향에 따라 그 위에 액상 라이너를 다시 한번 덧발라도 좋다.

붓펜 타입

색상이 진하고 광택이 없어 자연스럽게 그리기 편리하며 펜슬 타입에 비해 지속력이 좋다.

박선영 교수의

HOW TO TIP

아이라인 예쁘게 그리기

눈의 특징에 따라 아이라이너 표현 방법은 각기 다르다. 예를 들면, 작은 눈의 경우는 눈을 가능한 크게 보일 수 있도록 아이라인을 굵게 크게 그려 주고, 처진 눈의 경우는 처진 부분이 올라가 보이도록 아이라인을 그려 준다.

| 작은 눈 | | 아이라인은 두껍고 길게 확장 |

| 처진 눈 | | 눈꼬리 부분을 치켜올려 강조 |

| 올라간 눈 | | 눈꼬리 부분을 아래로 길게 내려서 그림 |

미간이 좁은 눈의 경우는 미간이 넓어 보일 수 있도록 눈 중앙 부분은 밝게 처리하고, 뒷부분으로 라인을 길게 빼서 눈의 길이를 연장한다. 미간이 넓은 눈의 경우는 미간 사이를 가능한 가깝게 붙이는 아이라인을 표현하여 미간 사이를 조절한다.

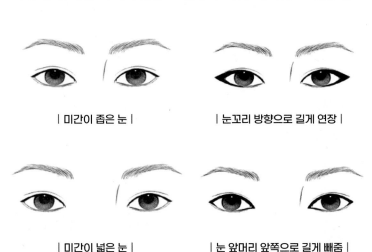

| 미간이 좁은 눈 | | 눈꼬리 방향으로 길게 연장 |

| 미간이 넓은 눈 | | 눈 앞머리 앞쪽으로 길게 빼줌 |

깊고 풍성한 눈매, 마스카라(Mascara)

속눈썹을 길고 짙어 보이게 해 선명한 눈매를 만들고, 눈에 깊이감을 주어 풍성한 눈매를 표현한다. 또한, 처진 속눈썹을 올려 눈이 커 보이게 한다.

종류와 특징

컬링 마스카라 지속력과 접착성이 뛰어나며, 오랜 시간 컬을 유지시켜 주고 속눈썹을 선명하게 해 준다.

볼륨 마스카라 속눈썹에 두껍게 발라 깊고 풍부한 속눈썹으로 만들어 준다.

롱래시 마스카라 섬유소가 들어 있어 속눈썹이 길어 보이는 동시에 실제보다 숱이 많아 보인다.

워터프루프 마스카라 건조가 빠르고 땀이나 물에 잘 지워지지 않아 여름철이나 눈 주위가 쉽게 번지는 사람이 사용하면 효과적이다.

아름다운 속눈썹 어떻게 만들까?

4. 생기를 만드는 치크 메이크업

Cheek Make-up

생기를 만드는 치크 메이크업

피부에 혈색을 주어 생기를 부여하고 밋밋한 윤곽에 음영을 주어
입체감 있는 얼굴을 표현한다.

종류와 특징

케이크 타입　색감 표현이 쉽고 자연스러워 윤곽
을 수정할 때 사용한다. 블러셔를 귀와 맞닿은 얼
굴 외곽에서 시작해 광대뼈의 가장 높은 부위를

향해 펴 주고 다시 외곽으로 펴 준다. 그리고 얼굴 중앙을 향해 펴 주고 다시 외곽을 향해 펴 주는 동작을 반복한다.

크림 타입   파운데이션을 바른 후 파우더를  바르기 전에 사용하며 스펀지나 손을 이용하여 그라데이션을 준다. 지성 피부는 크림 블러셔가 피부에 잘 스미지 않으므로 사용하지 않는 게 좋으며, 모공이 큰 피부의 경우 모공을 두드러지게 하는 경향이 있기 때문에 맞지 않는다.

리퀴드 타입   착색 특성 때문에 신속히 펴 주어야 하며, 방수 기능이 있어서 온종일 지속된다.

색상과 특징

핑크 계열   피부에 혈색이 도는 귀여운 이미지

오렌지 계열   건강하고 발랄한 느낌 이미지

로즈 계열   여성스럽고 사랑스러운 이미지

브라운 계열   현대적이고 지적(知的)이며 성숙한 이미지

색상 선택과 그리는 방법

　얼굴에 광택과 혈색을 만들어 주기 때문에 자연스러우면서도 윤택함을 주는 컬러 선택이 중요하다. 따뜻한 피부 톤의 사람은 피치나 새먼 같은 탁하지 않은 웜 핑크로, 차가운 피부 톤의 사람은 후시아나 버건디로 홍조를 만들어 준다. 피부 톤이 아이보리나 밝은 베이지면 연한 핑크색을 선택하는 것도 좋지만, 피부를 더욱 광택 있고 혈색 있게 보이기 위해 복숭아색을 선택하는 것도 좋다. 복숭아색은 피부의 혈색을 더해 주는 반면, 핑크색은 노화된 피부에는 창백하고 인위적인 느낌을 줄 수 있다.

　광대뼈 위를 감싸듯 귀 쪽으로 그려 주면 되는데 얼굴이 마른 사람은 귀 중앙을 향해 그려 주면 입체감이 살아나고, 얼굴이 통통한 사람은 귀보다 조금 위를 향해 그려 주면 얼굴이 조금 길어 보인다. 관자놀이에 블러셔를 그리면 그 부분이 죽어 보이고, 코 쪽으로 너무 들어오면 뺨이 파여 보여 나이 들고 초췌해 보인다.

박선영 교수의

HOW TO TIP

내 볼에 꼭 맞는 블러셔 위치

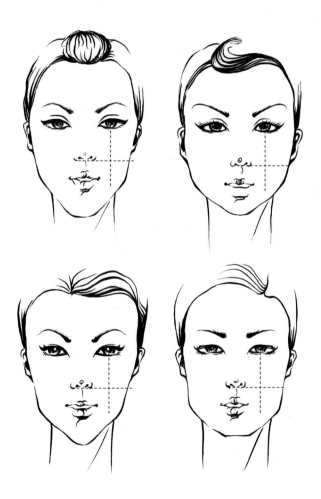

Blusher Question, 블러셔 얼마나 알고 있니?

Q. 코 옆쪽에 손가락을 세워 손가락 두 개 넓이만큼 앞쪽에 블러셔를 표현하면 안 된다?

개인마다 손가락 넓이가 다르며, 얼굴형에 따라서는 코 가까이에 표현할 수 있다.

Q. 블러셔는 코끝보다 아래쪽으로 처지게 표현하면 안 된다?

개인의 코 길이에 따라 다르며, 만약 코가 짧고 코끝이 약간 들린 경우라면 광대뼈 전체에 표현해 코끝보다 약간 처지게 블러셔를 해야 한다.

Q. 나이가 든 여성은 젊은 사람들보다 위쪽에 블러셔를 표현해야 젊어 보인다?

나이가 들수록 피부가 탄력을 잃어 처지게 되지만 광대뼈의 위치는 변하지 않는다. 그러므로 블러셔는 항상 정확히 광대뼈 자리에 표현해야 한다.

5. 시선이 머무르는 립 메이크업

Lip Make-up

가방 안의 필수품! 립스틱(Lipstick)

얼굴의 다른 부위에 비해 동적이며 얼굴 전체의 포인트 역할을 하
는 입술 모양을 수정·보완하고, 색감을 주어 얼굴 전체를 생동감 있
게 표현한다. 또한, 입술을 보호하며 영양을 공급한다.

오래 지속되는 립스틱 화장 요령

먼저 립펜슬로 입술 전체를 칠한 다음 티슈로 한 번 누른 뒤 립스
틱을 바르면 립스틱이 오래 지속된다. 립스틱은 브러시로 윤곽부터 바
르는데, 립펜슬로 그린 윤곽 바깥까지 그리면 번지기 쉽다. 전체적으
로 다 바른 다음, 티슈로 눌러 내고 다시 한번 더 바르면 오래 지속된
다. 유분이 좀 많아 번질 염려가 있는 립스틱은 두 겹의 티슈를 낱장
으로 분리해 입술에 덮고 파우더로 눌러 준 다음, 다시 한번 바르면
번지지 않는다.

박선영 교수의

HOW TO TIP

립 메이크업 어떻게 할까?

① 파운데이션과 파우더로 본래의 입술 색과 입술 라인을 커버하고, 그리려는 입술 모양과 색을 정한 후 립펜슬로 입술 산을 그린다.

② 윗입술 산 길이만큼 아랫입술 중앙에 라인을 그린다.

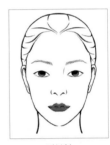

③ 입술 산과 맞추어 좌우를 연결한다.

④ 아랫입술 중앙과 맞추어 좌우를 연결한다.

⑤ 입술 모양을 '아' 하고 벌려 양쪽 입꼬리를 연결한다.

기본형

⑥ 브러시에 립스틱을 충분히 묻혀 납작하게 만든 후 브러시와 입술이 수평이 되도록 한 뒤, 입술 라인 경계를 그라데이션하며 입술 전체에 바른다.

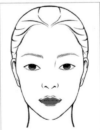

⑦ 입꼬리까지 세밀하게 발라 입매를 깔끔하게 정리한다.

두꺼운 입술   얇은 입술

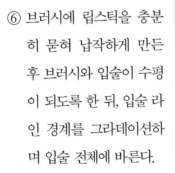
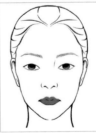
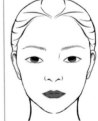

처진 입술   작은 입술

Lipstick & Fashion color,
내 의상 색에 맞는 컬러는?

녹색계　오렌지나 브라운

적색계　핑크, 레드, 브라운계

청색계　선명한 레드나 핑크 등 강한 색

보라색계　밝은 핑크와 적포도주색

갈색계　산호색과 팥죽 계열의 핑크, 자줏빛이 도는 레드나
　　　　　황갈색

흰색, 아이보리계　소프트한 느낌의 색, 장미 톤

검정계　밝은 색상이 좋으며, 균형을 맞추기 위해서는 강한 색을
　　　　　바른다.

색상 선택 요령

립 컬러를 선택할 때는 입술 크기를 고려해야 한다. 밝은색은 입술을 지나치게 커 보이게 할 수 있기 때문에 입술이 크고 볼륨이 있는 사람은 피부 톤보다 어두운 컬러를 선택한다.

따뜻한 색이 어울리는 사람들에게는 웜 핑크, 코랄 핑크, 옐로 레드, 새먼 핑크, 테라코타 같은 따뜻한 색이 예쁘다. 차가운 색이 어울리는 사람들 가운데 부드러운 타입에게는 로즈 핑크, 후시아, 모브, 와인 같은 소프트 레드가 어울리고, 강한 타입에게는 스트로베리, 트루 레드, 블루 레드 같은 강한 색이 어울린다. 아이보리색의 피부 톤을 가진 여성이 초콜릿 브라운 색상의 립 컬러를 바르면 나이 들어 보이고 부자연스러워 보이므로 절대로 짙은 브라운 계열의 컬러를 선택하면 안 된다. 브론즈 피부 톤은 아주 밝은색을 선택하면 창백하고 인위적인 느낌을 준다.

선명한 입매, 립라이너 펜슬(Lipliner Pencil)

립라이너는 입술의 윤곽선을 잡아 주고 균형이 맞지 않는 형태를 수정해 주며, 립스틱이 번지는 것을 막아 준다. 립스틱보다 1~2단계 어두운 색상을 선택한다. 또한, 립라이너를 그리고 입술 안쪽까지 펴 준 다음 립스틱을 바르면 지속력을 높여 준다.

립라이너 예쁘게 그리기

립라인을 그릴 때는 윗입술 중앙의 V존을 잡아준 뒤 입꼬리 쪽에서 조금씩 V존을 향해 맞닿을 때까지 그려 준다. 작은 입술의 경우 자연스러운 톤의 립펜슬을 이용해 본래 입술보다 위아래를 약간만 크게 그려 준다. 너무 크게 그리면 부자연스러워 역효과가 난다.

블링블링 립글로스(Lipgloss)

입술에 윤기를 주어 입술이 건조해지는 것을 방지하며 입술을 보호해 준다. 비록 오래 지속되지는 않지만 자연스러움을 연출하고 립스틱의 색을 맑게 표현해 준다. 입체감을 주는 하이라이트용으로 실버펄, 골드펄, 화이트펄을 사용해 입술을 더 풍부하고 섹시하게 만들어 준다.

촉촉한 립크림(Lip Cream)

립스틱보다 더 많은 완화제를 함유하고 있어 촉촉한 느낌을 표현해 주지만 입술 보호 목적이 더 강하다.

6

personal color

개운(開運),
운을 열어주는
성공 메이크업

'금전운' 상승시키는 메이크업
'애정운' 상승시키는 메이크업
'건강운' 상승시키는 메이크업

개운(開運), 운을 열어주는 성공 메이크업

"얼굴에 그림을 그리는 사람은 꿈을 그린다!"

여러분들은 어떤 꿈을 꾸고 계시는지요?

삶을 살아가는 이유 중에 가장 중요한 것은 아름다움을 창조하는 것이다. 메이크업 자체가 지금 삶에 지쳐 있는 사람들에게 '붓' 하나로 무(無)에서 유(有)를 창조하는 삶의 활력과 '운(運)'을, 아니 운명을 바꾸어 줄 수 있다는 얘기다.

당신의 변화된 메이크업으로, 당신 스스로가 우선 변화된 메이크업으로 분명 세상은 달라 보일 것이며 더욱 희망찬 삶을 살아갈 것이다. 당신도 사랑받는 여자로, 향기가 있는 여자로 성공하고 싶은가? 그렇다면 지금 당장 자신의 개운(開運) 메이크업을 해 보자.

메이크업으로 호감적인 이미지로 변화한다면 세상은 분명 달라질 것이며, 당신은 메이크업의 변화로써 운명 속에 새로운 '운(運)'이 열린다는 것을 느끼면서 얼굴은 그 사람의 운을 나타내는 장소이다.

얼굴을 캔버스라 하고, 메이크업으로 사랑을 부르는, 밝고 부드러운 여성 자신의 사랑의 주인공이 되는 운을 열어주는 메이크업이 절대 필요하다.

뭇 남성의 가슴을 흔들었던 마릴린 먼로! 그의 섹시 포인트는 뭐니 뭐니 해도 붉고 도톰하면서도 글로시한 입술 컬러이다. 입술은 얼굴에서 가장 관능적인 부분이기 때문이다.

이마

연인의 운을 일으킨다

이마는 상정, 중정, 하정으로 나눠 연인궁을 나타낸다. 이마가 넓으면 기가 세고 강하다. 데이트할 때 여자가 주도하는 경우가 많은데 이는 남자가 기피하는 대상이다. 반대로 이마가 좁으면 하늘에 내려오는 복이 적고 특히 커버할 수 있는 방법을 찾아야 한다. 그리고 이마가 움푹 파이거나 흉터, 점 등이 있을 경우는 연인과 이별 수가 있으니 커버할 수 있는 방법을 찾아야 한다.

박선영 교수의
HOW TO TIP

이마는 전체적으로 깨끗하고 광택이 나야 한다. 이마 역시 T 존 부위에 핑크 펄을 이용하여 하이라이트를 주면 사랑을 불러오는 메이크업이 된다. 메이크업 하기 전 프라이머나 핑크빛 펄 제품으로 톡! 톡! 톡! 두드리듯이 펴 발라 준다.

이마가 좁고 넓은 것은 헤어스타일로 커버가 가능하다. 이마가 지나치게 넓은 경우에는 요즘 유행 스타일인 뱅 스타일로 앞머리를 가지런히 내려 주거나, 고데기를 이용해 세팅 펌해서 앞머리를 자연스럽게 내려 주거나, 한쪽 머리만 자연스럽게 넘겨주어 이마를 가려 준다. 반대로 이마가 좁을 경우는 앞머리를 전체적으로 시원스럽게 넘겨주어 사랑과 행운을 불러오도록 한다.

tap, tap, tap

tap, tap, tap

눈썹

직업운 · 결혼운을 상승시킨다

눈썹은 얼굴 중에서 금전운과 애정운, 건강운, 직업운을 나타내는 집의 지붕이라 할 만큼 중요한 곳이다. 눈썹은 '애정운'에 영향을 미친다. 여성의 눈썹은 가늘고 길어 초승달 모양으로 생기고 윤기가 있어야 길한 운이 온다. 눈의 길이보다 눈썹의 길이가 길어야 경제적으로 풍요롭다. 눈썹과 눈 사이의 폭이 넓으면 길한 얼굴이다. 눈두덩 넓이가 넓으면 금전운이 특히 좋다.

짙은 눈썹의 경우에는 보통 적극적, 활동적인 성향이 많으므로 기가 강해진다. 남자를 억누르는 기질이 내포되어 있기 때문에 남자들에게 인기가 없다. 그러므로 눈썹이 지나치게 진하다면 메이크업으로 연하게 연출할 필요가 있다.

박선영 교수의
HOW TO TIP

눈썹이 지나치게 진하거나 눈썹 숱이 많은 경우에는 꾸삐용 (롤브러시)을 이용해 눈썹을 가지런히 정리해 준다. 지저분한 눈썹은 형제운이나 연인운을 떨어지게 만들기 때문에 반드시 정리해 줄 필요가 있다. 눈썹이 지나치게 진할 경우는 밝은 오클 계열의 케이크 섀도우나 브로 마스카라로 눈썹 컬러를 연하고 부드럽게 해 주어야 한다.

눈에서 중요한 것 중의 하나가 미간이다. 미간은 지나치게 넓으면 헤퍼 보일 수 있고, 반대로 너무 좁으면 쪼잔해 보이고 운이 들어오지 않는다. 그러므로 가장 적당한 것이 좋은데, 양 눈썹의 앞머리는 검지손가락과 가운데 손가락이 들어갈 정도의 '11'이 가장 적당하며, 미간 사이사이가 깨끗하고 밝아야 '연인의 운'과 복을 받을 수 있으니 미간 사이의 지저분한 잔털은 수정 가위로 깔끔하게 정리해 준다.

눈

애정운을 불러일으키는 포인트

사람의 얼굴을 볼 때 가장 큰 역할을 하는 신체 부위가 바로 눈이다. 눈은 흔히들 '마음의 창'이라 할 정도로 중요한 곳이다. 일단 눈은 위로 올라간 것보다는 차라리 처진 눈이 남성 운이 높다. 위로 올라간 눈은 양의 기운이 많아 남자를 억누르기 쉽기 때문에 안경을 쓴다거나 Make-up으로 속눈썹 라인에 일자로 자연스럽게 그려서 커버해준다.

눈은 특히 '애정운'을 불러일으키는 포인트로 눈가는 관상학적으로 관문이라 하는데, 이 부분에 점이나 사마귀, 상처 등이 있는 경우에는 남녀 사이에 파란이 많을 것을 예고한다. 눈밑은 누당이라 하며, 점이 많은 경우에는 남자관계가 복잡하거나 동시 다발적인 데이트를 하는 경우가 많다.

눈은 일단 작은 눈보다 큰 눈이 시원하고 보기에도 좋다. 그렇기 때문에 눈이 큰 여성의 경우 적극적인 성격이 많고 조혼의 확률이 높다. 반대로 작은 눈은 소극적인 성격이 많으며, 남자가 자신에게 접근해 오기만을 기다리며 자기 자신을 개방하지 않는 경우가 대부분이기 때문에 연애운이 적다.

박선영 교수의

HOW TO TIP

눈매는 부드럽게 따뜻한 웜 톤의 핑크나 베이지 계열로 둥글게 가로 터치로 자연스럽게 그린다. 눈꼬리를 지나치게 올려준다거나 아이라인으로 눈매를 강하게 그리는 것이 아니라, 펜슬 타입으로 모를 심듯이 자연스럽게 그린 후, TIP 브러시로 그라데이션 한다. 아이섀도를 펴 바를 때도 바깥쪽에서 안쪽으로 부드럽게 펴 발라 준다. 그리고 눈을 커 보이게 하려고 눈 위아래에 라이너를 그리는 경우가 있는데, 인상이 날카롭고 나이 들어 보이므로 그리지 않는다. 눈가에 점이나 사마귀, 상처 등이 있는 때는 컨실러로 톡! 톡! 톡! 두드리듯이 펴 발라서 커버해야 한다.

눈꼬리의 끝이 긴 사람은 인덕이 많고 애정운이 좋아 삶이 윤택하다. 눈 주위가 깨끗하면 좋은 배우자를 만날 수 있다. 눈꼬리 주름이 유독 많으면 애정운이 나쁠 수 있다.

코

학업운과 이성운을 높여 준다

코가 높은 여자는 이성의 운이 적지만, 반대로 코가 낮았을 때는 연애운이 높다고 한다. 코는 관상학적으로 얼굴 중심에 있기 때문에 '나'를 나타내고, 눈이나 입, 눈썹 등 그 외의 것으로 나타낸다. 코는 '나' 즉 자아를 나타낸다. 코가 높으면 자아가 강하여 자존심이 강하다 하여 옛날에는 폭군이 많았다. 반대로 코가 낮으면 주체성이 없으며 남자와의 인연이 자주 변해 파란이 많다고 한다. 코가 높으면 사람이 접근하기 힘들며, 코끝이 둥근 사람이 성격이 좋다. 그리고 코 주변에 점이 있으면 재혼의 운이 있다. 콧대는 산근이라 하는데, 학업운과 이성운을 나타낸다.

콧구멍이 크거나 흔히 말하는 들창코는 남자운이 별로 없는 경우가 많다. 코의 경우 전체적으로 곧고 적당한 높이가 좋다. 콧방울에 빛이 나면 눈앞에 행운이 다가오고 있는 것이다. 그러니 메이크업할 때 콧방울에 하이라이트를 잊지 말자!

박선영 교수의
How to Tip

코끝은 연한 노즈 섀도로 둥근 느낌이 들도록 자연스럽게 브러시로 사선으로 터치한다. 콧대는 밝은 핑크펄 섀도로 하이라이트를 주어 입체감과 블링블링 사랑스럽게 연출한다. 콧대가 지나치게 높게 강조할 필요는 없지만, 콧대는 자연스럽게 입체감을 살려 주어야 한다. 특히 코 주변의 상처 같은 것은 반드시 컨실러로 보이지 않게 커버해 주는 것이 좋다.

입

애정운 · 식복과 관련 있다

도톰한 입술은 남자를 끌어들이는 사랑의 힘이 있다. 특히 윗입술보다 아랫입술이 도톰한 입은 남자의 운을 상승시킨다. 입꼬리가 약간 위쪽을 향해 올라가야 하는데, 이는 입꼬리가 올라가야 하늘에서 내려 주는 복을 받을 수 있다는 의미로 말년에 좋은 운을 가진다. 즉 웃으면 복이 온다는 말이 있듯이, 항상 긍정적인 마인드로 밝은 미소 짓는 습관이 생활화되도록 밝은 표정으로 바꾸도록 해야 호감적인 이미지가 된다. 입이 지나치게 크면 남자의 운을 갖는다고 한다. 남자보다 수입이 높은 경우가 많기 때문에 행복한 삶을 영위하기가 힘들고, 입이 너무 작으면 만족감이 부족하기에 성생활에 문제가 있다고 한다. 입술은 관상학적으로 여성의 자궁으로 보기도 한다. 그렇다면 보기 좋고 아름다운 입 크기의 기준은, 눈의 가운데에서 내려와 그 사이에 입이 들어가면 적당한 입 크기라 할 수 있다. 치아는 충치나 이가 빠지면 기력이 빠지므로 예쁘고 고른 치아를 만들기 위해 노력하는 것을 잊지 않도록 한다.

박선영 교수의 HOW TO TIP

관상학적으로 우리의 얼굴에서 입은 식복을 의미한다. 특히 말년의 운을 가늠할 수 있는 신체 부위다. 입 중에서도 가장 좋은 운을 가진 입의 컬러는 붉고 가로로 길며, 한쪽으로 기울어지지 않은 바른 모양의 입술이다. 특히 입술 색이 운(運)을 부르는 포인트이므로 메이크업을 할 때는 색이 살아 있는 입술 표현이 중요하다. 그러므로 평상시에 립밤과 립트리트먼트를 자주 발라 주어 촉촉한 입술을 만들도록 생활화한다. 립프라이머를 바르고 베네피트의 핑크틴트를 세로 터치한 뒤, 티슈로 한 번 눌러 주고 한 번 더 터치해 준다. 입술 가운데를 세로 터치로 글로시하게 한다. 소녀의 수줍음을 표현한다.

볼 & 턱

연인의 사랑을 부른다

광대뼈는 관골이라고 하는데, 광대뼈가 나오면 남자의 앞길을 막는다고 하여 관상학적으로 비호감으로 여긴다. 광대뼈가 튀어나오면 흔히 기가 세다고 하므로 광대뼈가 들어가 보이는 메이크업을 해야 하

며, 붉은 톤이 도드라지게 하는 것은 피해야 한다. 볼은 통통해 보이는 것이 좋으며, 볼이 움푹 파인 사람은 정이 가지 않는 타입으로 독신주의가 많은 편이다. 턱은 하정이라 하여 말년운, 자식운을 나타낸다. 뾰족한 턱보다는 동그스름하고 완만한 것이 좋다.

박선영 교수의
HOW TO TIP

　광대뼈 부분을 둥글게 굴러서 'apple cheak' 일명 하이디치크로 핑크빛으로 둥글게 브러시나 스펀지로 그라데이션 해 준다. 특히 볼에 살이 없어 움푹 파인 사람은 밝은 치크 컬러로 건강함을 살려주는 것이 필요하다. 턱의 뾰족한 각은 브러시로 가볍게 둥글려 주어 뾰족한 느낌을 수정해 준다.

1. '금전운'을 상승시키는 메이크업

브론즈 메이크업이라고도 하며, 골드 메이크업으로 건강미와 섹시미를 강조한다.

피부 표현(Base Make up)

파운데이션과 쉬머링 크림을 2:1 비율로 섞은 후, 매끈해 보이게 파운데이션 브러시로 얼굴 전체에 고르게 펴 바른다. 하이라이터로 T-zone과 인중, 턱과 C-zone까지 터치해 준다.

눈썹(Eyebow)

눈썹 결을 살려서 자연스럽고 깨끗하게 그려 주고, 눈썹 색은 머리카락의 색상에 맞춘다. 너무 강하게 그리거나 인위적으로 그리면 나이가 들어 보이므로 자연스럽게 그린다.

눈(Eye)

연한 코럴 계열의 크림 섀도를 무스 스펀지나 브러시를 이용해 눈두덩에 눌러 주듯이 펴 바른 뒤, 펜슬로 라인을 그린 후 다크한 브론즈 크림 섀도로 그라데이션 해 준다. 눈두덩 바로 위에 골드 펄 크림 섀도를 손가락으로 자연스럽게 펴 바른다. 아이래시 컬러로 속눈썹을 컬링해 주고, 전체적으로 마스카라를 발라 준다.

리퀴드 타입의 아이라이너로 눈꼬리만 길게 빼 준다. 아래 언더라인은 골드 펄 섀도를 점찍듯이 그라데이션 해 준다. 펄감을 좋아한다면 눈썹 아래 앞 라인과 애교살에 실버 펄로 반짝이는 섀도를 발라 준다.

볼(Cheek)

골드 펄 느낌의 살구색 블러셔를 둥글게 돌리며 볼 바깥쪽으로 짧은 사선 느낌으로 부드럽게 쓸어 준다.

입술(Lip)

펄감 있는 형광 오렌지나 페일 톤의 브라운 색상의 립스틱을 발라 주고, 화려한 느낌을 주고 싶을 때는 하이라이트로 골드 펄을 세로 터치한다.

2. '애정운'을 상승시키는 메이크업

Love Fortune

성적 매력을 강조해 요염하며 섹시하고 원숙한 이미지로 '애정'을 불러오는 메이크업이다.

피부 표현(Base Make up)

피부 톤에 맞는 파운데이션을 꼼꼼히 펴 바르고, 핑크 펄 쉬어 제품으로 이마, 코, 턱, 눈밑에 얇게 펴 발라 하이라이트를 준 다음, 메이크업 포에버 프레스드 파우더로 마무리한다.

눈썹(Eyebow)

눈썹은 아이섀도의 음영이 최대한 느껴지도록 얇게 정리한 뒤, 헤어 컬러와 같은 톤의 색상으로 한 올 한 올 그려 준다.

눈(Eye)

화이트 펄 아이섀도에 얇은 핑크색 아이섀도를 눈두덩 전체에 펴 발라 준다. 아이홀 부분을 파스텔 컬러 라일락으로 그라데이션 하는데, 눈 라인에 가까이 갈수록 좀 더 진하게 터치해 준다. 다크 퍼플로 라인에 가깝게 선을 그리듯 발라 주고 펄 퍼플을 눈꼬리 부분과 눈 아래 라인에 발라 주어 눈매를 화려하게 마무리해 준다.

아이라인은 평소보다 길게 그리고 마무리는 얇게 끝을 살짝 올려서 그려 눈매에 표정을 만든다. 속눈썹이 처지지 않도록 마스카라로 풍부하고 볼륨감 있게 연출해 주고 인조 속눈썹을 붙여 눈매를 세련되게 연출한다.

볼(Cheek)

연한 산호나 핑크 블러셔로 화사하게 펴 발라 준 후, 둥근 느낌보다는 사선 느낌이 나도록 볼 주위를 터치해 사랑스런 여성미를 풍긴다.

입술(Lip)

입술 라인을 약간 도톰하게 그려 준 다음, 레드나 와인색을 바르고 입술 중앙에 골드 펄 립글로스를 발라 윤기를 더한다.

3. '건강운'을 상승시키는 메이크업

맑고 투명하고 깨끗한 이미지를 만들어 주는 동안 메이크업이다. 주로 페일과 라이트 톤을 사용한다. 최소한의 메이크업으로 최소한의 테크닉을 구사해 인위적인 느낌 없이 화장한 듯, 안 한 듯한 본래의 모습에 가깝게 자연스럽게 연출하면서도 더 밝고 건강해 보이도록 만들어 준다.

피부 표현(Base Make up)

피부색과 유사한 펄 비비크림이나 엷은 베이지 계열의 파운데이션을 발라 주고 다크서클, 주근깨, 잡티 등은 소량의 컨실러로 커버한다. 이마, 콧등, 눈 밑에 약간의 하이라이트를 주어 입체감을 준다. 파운데이션과 같은 톤의 파우더나 투명 파우더로 유분기를 제거한다.

눈썹(Eyebow)

한 올 한 올 모를 심듯이 눈썹 모양을 그린 다음, 갈색이나 회색 새도로 눈썹꼬리까지 자연스럽게 마무리한다.

눈(Eye)

아이보리 컬러의 섀도를 눈두덩 전체에 펴 바른 후 아이보리와 화이트 컬러를 섞어 눈뼈 부위에 한 번 더 발라 주면 눈에 입체감이 생긴다. 연한 살구색 섀도를 아이홀 부위까지 그라데이션 해 준 뒤 오렌지 브라운, 카멜 브라운, 카키 등을 믹싱해서 너무 진하지도 흐릿해 보이지 않도록 적당히 그라데이션 해 준다.

볼(Cheek)

약간의 코럴브라운 계열로 얼굴 윤곽을 수정하면서 볼 주위에 발라 준다.

입술(Lip)

유분기가 적은 소프트 타입의 립스틱을 사용하여 코럴 핑크나 코럴 베이지, 코럴 브라운, 와인 브라운 등을 바른 다음, 누드 오렌지색의 립라이너로 형태를 그린다. 그런 다음 베이지색이나 살구색을 입술 모양에 맞춰 발라 주고, 립글로스를 덧바른다.

7

personal color

개운(開運), 운을 열어주는 이미지 스타일

X

내추럴 이미지 스타일링
클래식 이미지 스타일링
로맨틱 이미지 스타일링
엘레강스 이미지 스타일링

1. 내추럴 이미지 스타일링

내추럴 이미지는 자연스럽고 부드러우며, 친근감과 편안함을 주는 감성이다. 내추럴 이미지는 자연이 아닌 편안함과 온화함, 정다움을 지닌 자연 친화적 이미지로, 우리가 자연을 대하듯 늘 봐도 질리지 않는 친근하고 평온한 이미지이다.

내추럴 이미지에 어울리는 색상으로 가공되지 않는 자연의 대표적인 색상인 초록색, 황토색과 같은 계열의 색상이다.

패션 스타일링

비교적 여유가 있는 실루엣의 니트, 카디건, 풍성한 치마나 바지, 오버 블라우스 등이 활용되며, 몸에 꼭 맞지 않고 자연스럽게 흘러내리는 스타일링이 효과적이다.

그린, 베이지, 올리브그린, 카키 등 자연의 색이 많이 활용되고 자연에서 볼 수 있는 나뭇잎이나 꽃, 과일 등의 문양이 활용된다.

메이크업 스타일

내추럴 이미지의 메이크업은 메이크업을 한 듯, 안 한 듯한 매우 자연스러운 메이크업 스타일이다.

피부 톤은 본인의 피부 톤에 맞추며, 피부 표현은 두껍지 않고 얇고 자연스럽게 표현한다. 눈썹의 형태도 원래 지닌 눈썹의 형태에서 색만 넣어 전체적인 눈썹의 형태를 유지하며, 아이섀도는 연한 핑크나 연한 브라운 색상으로 음영 정도만 주는 정도로 메이크업한다.

아이라인은 눈에 띄지 않을 정도로 그려 주며, 입술은 연한 핑크 색
상이나 입술 색상과 비슷한 색상을 선택한다.

악세서리 스타일

편안하고 소박한 이미지를 표현하기 위해 가능한 인위적이거나 세
련된 액세서리는 지양하고, 천연 소재로 된 스카프나 머플러, 허리띠,
에코백 등 자연 친화적인 액세서리나 잡화가 효과적이다. 신발은 운
동화나 단화, 굽이 낮은 샌들 등이 적절하다.

헤어스타일

내추럴 이미지의 헤어스타일은 꾸미지 않은 듯 자연스럽게 나타나
는 스타일로 헝클어진 듯한 히피풍의 스타일이나 길게 늘어뜨린 긴
헤어스타일, 굵은 웨이브의 헤어스타일, 헝클어진 듯 살짝 묶은 헤어
스타일이 해당된다. 헤어 색상은 자연스러운 헤어 색상으로 어두운
색보다는 조금 밝은 색상이 내추럴 이미지에 사용된다.

2. 클래식 이미지 스타일링

Classic

클래식 이미지는 시대와 유행의 변화에 상관없이 가치와 보편성을 지닌다. 따라서 오랜 시간 동안 많은 사람에게 사랑을 받는 고전적이고 격식 있고 품위 있는 이미지를 말한다. 균형과 조화를 중시하며 전체적으로 강하게 두드러지는 스타일은 아니지만, 고급스러우면서도 안정감과 신뢰도가 느끼는 스타일이다. 또한, 지적이며 품위 있는 이미지를 표현한다.

클래식 이미지의 색상은 깊이 있는 색조는 딥 톤(Deep tone)이나 어두운 색조(Dark tone)의 브라운색과 와인, 베이지, 골드, 다크, 그린색의 따뜻하고 안정된 느낌의 색상이 주를 이루고 있다.

패션 스타일링

테일러드 수트, 샤넬 수트, 블레이저 재킷, 트렌치코트, 카디건 스웨터, 청바지, 폴로셔츠 등이 클래식의 대표적인 아이템이다. 색상 배색은 갈색조를 주조색으로 활용하며, 컬러로는 갈색계, 와인색, 진녹색, 카키색 등의 탁색과 딥 톤이나 다크 톤의 난색 등을 배색 활용하기도 한다. 최근에는 감색이나 검은색도 자주 활용된다.

클래식 이미지를 나타내는 소재로는 트위드, 울, 벨벳, 캐시미어, 실크 등 천연 소재가 주로 사용된다. 소재의 문양으로는 글렌 체크, 하운드투스 체크, 타탄 체크, 플레이드 체크 등의 동색 계열의 전통적인 체크무늬와 물방울무늬, 줄무늬 등 기하학적인 문양도 활용된다.

메이크업 스타일

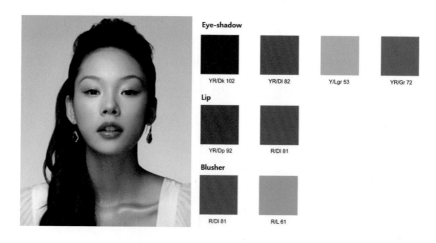

Eye-shadow

| YR/Dk 102 | YR/Dl 82 | Y/Lgr 53 | YR/Gr 72 |

Lip

| YR/Dp 92 | R/Dl 81 |

Blusher

| R/Dl 81 | R/L 61 |

 클래식 이미지의 메이크업 색조는 보통 브라운 색상이 많이 사용되고 있으며, 입술 색상은 브라운과 와인 색상이나 레드브라운 색상이 많이 사용된다.

 눈을 강조하는 원 포인트 메이크업일 경우, 입술 색상은 누드 브라운이나 연한 베이지 정도를 바르기도 하며, 입술을 강조한 메이크업일 경우는 아이섀도를 최소화하고, 입술을 와인이나 레드 색상으로 사용한다.

액서세리 스타일

 클래식한 이미지를 표현하는 액세서리는 브라운, 갈색, 네이비 계열의 시계, 가방, 모자, 장갑, 구두 등이 적절하다. 1950~1960년대 유행했던 복고풍의 선글라스도 클래식한 이미지를 표현한다.

헤어스타일

　기본적인 헤어스타일을 의미하는 것으로 개성적이고 화려한 스타일보다는 차분하고 스타일의 변화가 많지 않고 어떤 시대와 별도로 잘 어울리는 스타일이다. 보통 헤어스타일에서는 층이 많지 않은 커트 스타일이나 미디움 커트, 스트레이트 헤어스타일, 소라 형태의 업 스타일 등이 해당된다.

3. 로맨틱 이미지 스타일링

　꿈과 낭만을 좇는 동화 속 여주인공 같은 소녀의 모습처럼 사랑스럽고 부드러운 여성적 감성을 표현한다. 부드러운 질감의 옷감과 따뜻한 색상을 활용해 감미로운 느낌의 서정적이고 동화적인 이미지를 말한다. 로맨틱 이미지는 부드럽고 사랑스러우며 환상적인 이미지를 지니고 있다.

　색상은 흰색이나 연한 회색을 얻어 소프트하고 은은한 색감의 파스텔 톤으로 부드럽고 섬세한 느낌을 지니고 있다.

　부드럽고 환상적이며 낭만적인 느낌을 지니고 있는 이미지로 작은 꽃이나 도트 모양, 동화와 환상 이미지의 테마를 둔 아이템들이 많이 사용되며, 의상 요소 중에서도 하늘거리는 실크의 느낌이나 레이스, 프릴 등의 장식적 이미지 등이 주로 사용된다. 전체적인 스타일링은 가볍고 부드럽고 따뜻한 느낌과 부드러운 느낌을 주는 디테일이나 장식들이 많이 활용된다.

패션 스타일링

둥근 어깨선, 잘록한 허리를 강조한 디자인이나 리본, 러플이 활용된 디자인이 적합하다. 무릎길이 A라인의 원피스나 허리 리본이 있는 재킷이나 원피스, 러플이 있는 깃이나 소매 등이 활용되어 기능성보다는 장식성이 강조된다. 화사한 꽃문양이나 레이스 등 귀여우면서도 소녀적인 느낌의 디테일과 트리밍을 사용하면 효과적이다.

여성스럽지만 소녀적이면서 동화적인 감성을 표현하기 위해 표면이 매끄럽고 부드러운 소재들이 활용되고, 면과 견이나 실키한 느낌의 폴리에스터 소재가 적절하다. 벨벳이나 앙고라, 시폰, 니트 등 부드럽고 포근해 보이는 직물과 가벼운 질감의 얇고 비치는 직물도 로맨틱한 이미지를 표현해 주는 데 자주 활용된다.

색상은 얇고 담백한 페일 톤(pale tone)이나 파스텔 톤(pastel tone)이 적합하고, 밝고 은은하게 배색하며 악센트 색상으로 라이트 톤(light tone)을 활용하면 효과적이다.

메이크업 스타일

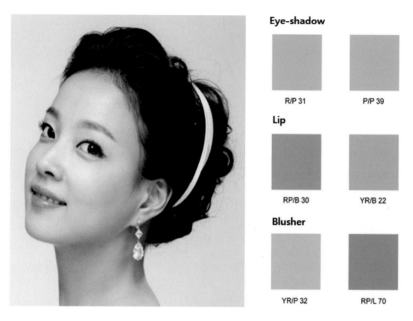

Eye-shadow

R/P 31   P/P 39

Lip

RP/B 30   YR/B 22

Blusher

YR/P 32   RP/L 70

메이크업 색상은 은은한 파스텔 계열의 색감이나 페일 톤, 브라이트 톤 정도의 밝은 색조가 어울린다. 포인트를 줄 때도 톤이 낮게 떨어지는 색조를 그라데이션 하듯이 사용하면 환상적인 이미지를 전달할 수 있다. 피부 톤도 다른 메이크업에 비해 조금 밝게 표현하고, 눈썹의 색상도 헤어 컬러 톤에 맞춰서 연하게 들어가는 것이 좋다. 눈썹이 강하게 표현되면 전체적인 이미지가 로맨틱에서 벗어날 수 있으므로 눈썹 표현에 신경을 써야 한다.

아이섀도는 연한 파스텔의 색상을 사용하여 강한 이미지가 표현되지 않도록 하며, 아이라인의 경우도 전체 이미지에 따라 검은색보다는 갈색을 사용하여 부드러운 이미지를 전달하는 것이 좋다.

입술은 연한 핑크 색감에 립글로스로 반짝거리는 느낌을 연출하거나, 어두운 와인 색상을 중앙 부분에 넣고 입술 중앙에서 밖으로 그라데이션 하여 환상적인 이미지를 표현하는 것도 좋다.

액서세리 스타일

심플하고 귀여운 디자인의 코르사주, 리본, 꽃 장식 등이 활용되고, 귀여운 모양의 스팽글이나 구슬 장식도 효과적이다. 연한 색상의 펌프스, 샌들, 뮬 등의 신발과 작은 크기의 그립 백이나 클러치 등을 함께 코디하는 것도 적절하다.

헤어스타일

로맨틱 이미지의 헤어스타일은 머리카락이 바람에 조금씩 날리고 있는 듯한 환상적 이미지로, 헤어는 고정되어 있지 않은 부드럽고 하늘거리는 느낌을 강조한다. 남성의 경우는 목덜미 길이의 굵은 웨이브로 밝은 헤어 컬러가 어울리며, 여성의 경우는 밝은 색감의 굵은 웨이브의 롱 헤어스타일의 이미지이다.

로맨틱 이미지의 경우, 헤어 컬러는 라이트 톤(light tone)의 밝은 색감으로 연한 보라색이나 연한 핑크색, 블론드 헤어가 어울린다.

4. 엘레강스 이미지 스타일링

엘레강스는 여성다운 우아함과 고상하며 품위 있는 원숙미가 표현되는 이미지이다. 직선적인 이미지보다 부드러운 곡선을 활용하여 여성적이면서도 성숙한 감성으로 표현되며, 고급스럽고 품위 있는 이미지이다.

파리 오뜨꾸드르, 샤넬, 디올 등 (둥근 어깨선, 잘록한 허리) 같은 스타일이 대표적이다.

색상은 주로 부드러운 이미지의 중간 색조나 와인과 같은 다크 톤(dark tone), 무채색(mono tone)이나 파스텔 톤(pastel tone), 미디엄 톤(medium tone)과 같이 채도는 높지 않지만, 따뜻하고 부드러운 느낌의 색상이 어울린다.

패션 스타일링

엘레강스 이미지를 표현하기 위해 수트, 드레스, 카디건, 블라우스, 원피스 등의 아이템을 활용한다. 타이트하고 롱 앤 슬림형 실루엣이 많으며 웨딩드레스에 많이 활용되는 이미지이다. 허리선을 강조하고 자연스러운 어깨선으로 표현하며 여성의 아름다움을 표현해 주고 최소한의 디테일을 사용해 고급스럽고 깔끔한 느낌을 준다. 남성복에서는 어깨에 패드를 활용하여 각지게 만들고, 광택 있는 소재로 피트되는 실루엣으로 엘레강스한 느낌을 표현한다.

소재는 곡선적인 우아한 느낌을 살릴 수 있는 실크나 울, 소모직물 등이 활용된다. 색상은 엷은 탁색을 활용하며, 강한 배색은 지양하고 그레이시 톤(Grayish tone)을 활용하여 세련되게 표현하기도 한다.

메이크업 스타일

엘레강스 이미지를 표현하기 위한 메이크업 기법은 피부 톤은 본래 스킨 톤과 비슷한 색상을 선택하는 것이 좋고, 입술이나 눈 메이크업 중 한 가지만 강조하는 것이 좋다. 입술을 강조할 경우에는 아이섀도 음영만 들어갈 정도로 넣어 주고, 입술은 레드 컬러나 와인 컬러 등으로 강조하여 여성미를 느낄 수 있도록 한다. 눈을 강조하는 경우에는 눈매가 깊고 섹시한 이미지가 연출될 수 있도록 한다.

아이섀도 기법은 바르기 기법이나, 소프트 스모키 기법을 사용하면 눈의 깊이를 느낄 수 있는 눈매를 연출할 수 있다. 눈썹은 약간 각이 진 형태의 부드러운 곡선이 좋으며, 눈썹은 헤어 색감에 맞는 컬러로 맞춰서 표현한다.

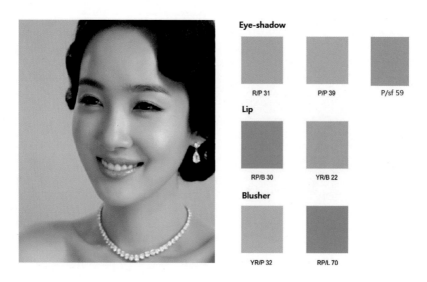

Eye-shadow

R/P 31 P/P 39 P/sf 59

Lip

RP/B 30 YR/B 22

Blusher

YR/P 32 RP/L 70

액서세리 스타일

엘레강스를 표현하는 데 가장 많이 활용되는 액세서리는 진주 목걸이이다. 디자인이 강하거나 광택이 강한 것은 적절하지 않고, 우아하고 화려한 디자인이 적당하다. 핑크에서 블루 계열의 부드러운 실크 스카프나 넥타이, 챙이 큰 모자, 장갑 등도 활용될 수 있다.

구두는 고급스러운 장식이 화려하게 달려 있거나 부드러운 색상의 하이힐 등이 적절하고 가방은 캐비어백이나 크기가 작은 토트백도 효과적이다.

헤어스타일

엘레강스 이미지의 헤어스타일은 부드럽고 온화한 느낌의 굵은 웨이브의 컬이 있는 스타일이며, 헤어의 색감도 밝은 갈색이나 중간 갈색 정도의 색감이 좋다. 헤어의 길이는 짧은 헤어보다는 미디엄 단발 정도나 어깨 정도의 길이, 위로 올린 업스타일 등이 엘레강스 이미지를 표현하는 데 적합하다.

personal color

패션 이미지 스타일 전략

기초 공사 BODY CARE

FASHION STYLE 노하우

작지만 강력한 패션 소품

FASHION, 나를 말하다

1. 기초 공사 BODY CARE

Body Care

1) 나의 체형 판별하기

자신에게 어떤 스타일이 가장 잘 어울리는지 알려면 역시 자신의 신체 비례를 알아야 한다.

상체 비만형과 하체 비만형은 쉽게 파악할 수 있지만 짧은 허리형과 긴 허리형은 파악하기가 쉽지 않다. 짧은 허리형과 긴 허리형을 확인하는 포인트 가운데 하나가 흉곽과 좌골 사이의 거리이다. 흉곽 아랫부분을 더듬어서 흉곽이 좌골 바로 위에 얹혀 있으면 짧은 허리형이고, 흉곽과 좌골의 거리가 한 뼘 이상 떨어져 있다면 긴 허리형이며, 표준형은 그 중간 정도다. 옷을 벗고 전신 거울에 등을 비추고 손거울을 이용해서 거울에 비친 등을 살펴보자. 허리와 어깨 사이의 거리가 허리와 엉덩이 아래까지의 거리보다 길면 긴 허리형, 허리와 엉덩이 아래까지의 거리가 허리와 어깨까지의 거리보다 길면 짧은 허리형이고, 그 중간이면 표준형이다.

표준형 체형은 일반적으로 어깨와 엉덩이 폭이 비슷하고 가슴과 엉덩이 치수는 거의 같으며, 허리는 가슴이나 엉덩이 치수보다 25cm 정도 가늘다.

2) 내 체형에 맞는 코디네이션

삼각형 체형
좁은 어깨와 넓은 엉덩이를 가진 체형

- 어깨 장식이나 숄더 패드가 있는 옷이 좋다.
- 어깨나 가슴 부근에 수평으로 라인을 넣거나, 스카프 등으로 어깨가 넓게 보이게 한다.
- 어깨에 주름을 잡아서 넓어 보이게 한다.
- 옷깃이 넓은 옷을 입고 옷깃 바깥쪽에 브로치를 단다.
- 네크라인이 넓은 옷을 고른다.
- 원피스보다 투피스가 좋다.
- 재킷은 숄더 패드가 든 것을 고르며, 길이는 엉덩이의 가장 큰 부분에 맞추지 말고 더 짧거나 길게 입는다.
- 상체와 하체를 드러내는 꼭 맞는 재킷은 피한다.
- 상의는 밝은색, 하의는 어두운색이 좋다.
- 상의는 무늬가 있는 디자인, 하의는 단색이 좋다.

역삼각형 체형

넓은 어깨와 좁은 엉덩이, 가는 다리를 가진 체형

- 심플한 재킷이나 블라우스를 조금 길게 입고, 상체를 강조하는 짧은 재킷은 피한다.
- 어깨선을 아래로 끌어내려 어깨가 덜 넓어 보이는 V 네크라인이 좋다.
- 목걸이는 심플한 체인이나 가는 줄을 여러 겹으로 길게 착용한다.
- 옷깃 가장자리를 박음질해 주면 어깨가 덜 넓어 보인다.
- 처진 허리선이 좋고, 반면 벨트를 졸라매면 상체가 더 커 보인다.
- 상의는 타이트하게 직조된 옷감, 하의는 루스하게 직조된 옷감으로 입는다.
- 무늬보다 단색이 좋다.
- 어깨 근처에 가로줄이나 가로무늬가 있는 옷은 피하고 엉덩이는 여유 있게 입는다.
- 굽이 낮은 구두나 단화가 좋다.
- 상의는 짙은 색, 하의는 옅은 색으로 입는다.

직사각형 체형

어깨와 엉덩이 균형이 맞는 체형

- 가로무늬나 가로줄은 뚱뚱해 보인다.
- 벨트 등으로 허리선을 강조하면 몸매의 볼륨이 돋보인다.

- 꼭 맞는 재킷은 몸매를 돋보이게 한다.

- 다트가 없는 박스 스타일은 피한다.

- 허리에는 스트레이트 다트가 좋다.

- 재킷 단추를 열어 시선이 치마나 바지 허리로 향하도록 한다.

동그라미 체형

글래머로 가슴 볼륨이 아름다운 체형

- 부드러운 라인, 부드러운 천이 육감적인 몸매를 돋보이게 하지만, 부피 많은 옷감은 피한다.

- 부드러운 헤어스타일, 부드러운 액세서리로 시선이 몸이 아닌 얼굴로 가게 한다.

- 래글런 소매나 숄 칼라 같은 부드러운 옷깃이 좋다.

- 허리를 강조해야 뚱뚱해 보이지 않는다.

- 꽃무늬, 물방울무늬가 잘 어울린다.

- 스트라이프는 어울리지 않는다.

- 박스 스타일은 뚱뚱해 보인다.

- 가슴이나 엉덩이에 가로줄, 가로무늬는 금한다.

키가 큰 체형

- 두터운 옷감은 부피를 더해 주므로 키가 덜 커 보인다.

- 잔잔한 무늬는 키가 더 커 보인다.

- 길이가 긴 재킷이 키가 덜 커 보이게 한다.
- 덧붙인 듯한 치맛단이나 바짓단을 턴업하면 작아 보이는 효과를 낼 수 있다.
- 상의와 하의의 색을 달리 하면 중간에서 한 번 잘리는 효과를 만들 수 있다.
- 상의는 조금 여유 있는 것이 좋다.
- 디자인은 대담하고 무늬가 큰 것이 좋다.
- 액세서리는 큰 것이 좋다.

키가 작은 체형

- 프린트가 대담한 옷은 아이가 어른 옷을 입은 것 같은 엉성한 느낌을 줄 수 있다.
- 무늬 있는 재킷은 시선을 얼굴 쪽으로 끌어올리는 효과를 준다.
- 무늬가 전체의 길이를 잘라내는 역할을 하지 않도록 살핀다.
- 무늬는 잔잔한 게 좋다.
- 세로 절개선을 고른다.
- 가벼운 옷감이 부피감을 줄여 키가 좀 더 커 보인다.
- 신의 굽은 중간 정도의 높이가 좋다.

마른 체형

- 너무 꼭 맞는 옷은 흉하다.
- 네크라인이 넓거나 소매가 없는 옷, 스케일이 큰 장식은 피한다.

- 하이 네크라인이 좋다.
- 조금 여유 있게 입어야 보기 좋다.
- 겹쳐 입기 등으로 부피감을 준다.
- 레이스 등을 이용해 가로 디테일을 만들어 준다.
- 액세서리는 작은 게 좋다.

몸이 조금 큰 체형

- 너무 꼭 맞게 입으면 더 커 보일 수 있다
- 반짝이는 옷감은 피한다.
- 너무 섬세하거나 정교한 신발은 피한다.
- 검은색은 작아 보이게 하기도 하지만, 실루엣을 분명하게 드러내는 효과도 있으니 주의해야 한다.
- 어울리는 색을 찾되, 수축색으로 고른다.
- 상의와 하의는 같은 색이 좋다.
- 세로 절개선이 좋다.
- 짧은 소매는 가슴을 더 커 보이게 하므로 심플한 긴 소매가 좋다.
- 광택 없는 천을 고른다.

목이 짧은 체형

- 목이 보이게 열어 두거나 목선을 조금 깊게 파면 목이 덜 짧아 보인다.
- V 네크라인은 목을 길고 가늘어 보이게 한다.

- 가늘고 긴 체인 목걸이는 목의 길이를 늘리는 효과가 있다.
- 하이 칼라를 피하고, 목 뒤에서 세우고 앞은 열어 두는 스탠드 칼라가 좋다.
- 긴 스카프로 V 모양을 만드는 것도 효과적이나, 스카프 부피가 과하면 도리어 짧아 보일 수 있다.

목이 길고 가는 체형

- 목이 적당히 가늘고 길면, 다양한 칼라나 액세서리로 멋을 낼 수 있다.
- 목이 너무 가늘거나 길면, 스카프나 목걸이 등의 액세서리로 덜 길어 보이게 할 수 있다.
- 세우는 칼라나 겹쳐지는 칼라, 하이 네크라인, 만다린 네크라인, 롤 칼라 등이 어울린다.
- 블라우스 속에 스카프를 타이처럼 매는 것도 좋다.

어깨가 좁은 체형

- 꼭 맞는 상의는 피한다.
- 스카프를 어깨 위 가로로 매어 가로선을 만들어 주면 좋다.
- 어깨 부분에 주름을 잡아 소매를 달면 어깨가 넓어 보이는 효과를 낼 수 있다.
- 옷깃 바깥쪽에 브로치를 달거나, 보트 네크라인에 어깨 패드가 있는 상의가 좋다.

- 어깨선이 처진 드롭 숄더는 팔이 길고 어깨가 좁은 사람에게 좋지만, 어깨가 경사졌다면 처짐을 더 강조하므로 피한다.

어깨가 넓은 체형

- 다이너스티 숄더 같은 과장된 디자인은 피한다.
- 패드를 꼭 넣고 싶으면 적게 넣는다.
- V 네크라인, 스쿠프트 네크라인 등이 어울린다.
- 래글런 소매나 부드러운 어깨 디자인이 각진 것보다 좋다.
- 목이 길 경우 높은 칼라를 사용하면 어깨를 좁아 보이게 하는 효과가 있다.

가슴이 큰 체형

- 네크라인은 스쿠프트·V·드레이프 형이 어울린다.
- 숄 칼라에 민소매나 긴 소매, 또는 돌먼 소매가 좋다.
- 재킷은 싱글 브레스트나 칼라가 없는 심플한 것이 좋다
- 프린세스 라인 같은 절개선과 처진 허리 라인은 시선을 상체에서 끌어내려 준다.
- 부드럽고 주름 있는 디자인은 큰 가슴을 덜 커 보이게 한다.
- 목걸이나 스카프는 가슴의 가장 큰 부분보다 위에서 끝나야 한다.
- 볼레로처럼 짧고 꼭 끼는 재킷, 짧은 소매, 꼭 졸라맨 허리선 등은 가슴을 더 커 보이게 하므로 피한다.
- 가슴 부분에 요란한 무늬나 장식은 피하는 게 좋다.

가슴이 작은 체형

- 주머니나 주름 같은 디테일이 있고 조금 여유 있는 상의가 좋다.
- 더블브레스트 재킷은 작은 가슴을 커버한다.
- 스포츠 브라보다는 와이어가 들어 있는 브라가 좋다.
- 짧은 소매는 가슴을 커 보이게 하고, 레이스 등을 덧대면 부피감도 생긴다.
- 몸에 꼭 끼는 스타일은 피한다.

허리가 긴 체형

- 짧은 재킷이 어울리지만, 가슴이 크다면 긴 재킷과 짧은 블라우스가 좋다.
- 허리선을 넓게 만들거나 넓은 벨트가 좋다.
- 하이웨이스트 스커트나 바지가 잘 어울린다.
- 블라우스나 재킷은 무늬가 있거나 컬러가 있는 것으로, 스커트나 바지는 회색 같은 중간색이 좋다.

허리가 짧은 체형

- 긴 재킷이나 블라우스가 어울린다.
- 재킷은 허리를 너무 강조하지 않는 것이 좋다.
- 스카프는 길게 맨다.
- 벨트는 매지 않는 것이 좋으나, 가는 체인형을 허리 아래로 흐르게 매면 허리가 길어 보인다.

- 스커트나 바지의 허리를 드롭 요크로 만들면 허리가 길어 보인다.

엉덩이가 작고 납작한 체형

- 뻣뻣하고 단단하게 직조된 옷감은 작은 엉덩이를 감춰 준다.
- 무색 재킷에 무늬가 있는 스커트나 주머니 같은 디테일로 엉덩이에 볼륨감을 줄 수 있다.
- 가로 주름 장식이 좋다.
- 스커트의 드롭 웨이스트와 잘게 잡은 주름이 좋다.
- 커다란 가방이 좋다.
- 허리가 가늘지 않고 엉덩이가 납작하면 스트레이트 라인 스커트가 어울린다.

엉덩이가 큰 체형

- 어깨에 패드를 넣는다.
- 흘러내리는 듯한 디자인으로 조금 여유 있게 입는다.
- 재킷이나 블라우스 길이는 엉덩이의 가장 큰 부분보다 길거나 짧은 게 좋다.
- 무늬 있는 재킷에 단색 스커트가 좋다.
- 엉덩이보다 허리에 주름이 많이 잡히는 스커트가 어울린다.
- A라인 스커트는 피한다.
- 스커트가 짧으면 엉덩이가 더 커 보인다.
- 허리가 가늘고 엉덩이가 둥글면 소프트 라인 스커트가 어울린다.

- 옷감이 두꺼울수록 엉덩이가 더 커 보인다.
- 약간 굽이 높은 구두는 엉덩이를 작아 보이게 한다.

부드러운 얼굴

- 부드러운 얼굴을 살려 주는 부드러운 느낌이 좋다. 옷감은 물론 네크라인과 헤어스타일 그리고 액세서리 역시 부드러운 것이 잘 어울린다.
- 피터팬 칼라, 스쿠프 네크라인, 라플 칼라, 리본 칼라 등이 어울린다.

모난 얼굴

- 강한 느낌이 어울린다. 모난 네크라인에 기하학적이거나 드라마틱한 헤어스타일, 액세서리 역시 눈길을 끄는 것으로 한다.
- 와이셔츠 칼라, 스탠드업 칼라, 크리습 칼라가 좋다.

박선영 교수의

How to Tip

체형 커버의 비법

How to cover shape?

결점을 커버한다고 하면 무슨 대단한 법칙이나 심오한 비법이 있는 것으로 생각하기 쉬우나 기본은 아주 간단하다. '장점은 강조하고 단점은 감춘다.' 이렇게 간단한 원칙이 제대로 지켜지지 않는 이유는 크게 두 가지이다. 하나는 스스로의 장단점을 제대로 파악하지 못했기 때문이고, 또 다른 하나는 지나칠 수 없는 유행 때문이다.

어느 때고 유행하는 패션 아이템이 있기 마련이다. 스키니 진하의 실종, 플랫슈즈…. 매년 계절마다 유행 아이템이 풍미한다. 그러나 패션은 유행 따라 변하지만 내 몸은 철에 따라 변하지 않는다는 것을 명심하자. 아무리 스키니 진이 유행이라고 해도 내 다리가 굵고 휘었다면 스키니 진이 아닌 우아한 롱 스커트를 입자. 괜히 유행만 좇다가 도리어 내 단점만 드러내고 스타일리시한 이들과 비교당하는 굴욕을 맞는 대신 유행을 초월한 나만의 스타일로 독특한 멋도 내고 체형도 커버하는 멋쟁이가 되자.

3) 매일매일 만드는 나의 'S 라인'

처진 뱃살과 똥배 줄이기 바닥에 엉덩이를 대고 몸이 V자가 되도록 상체와 하체를 45도 각도로 올려준 채 버틴다.

날씬한 허리 양발을 어깨너비로 벌리고 서서, 두 손을 깍지 낀 채 위로 쭉 올린다. 이 상태에서 좌우로 번갈아가며 움직여 준다. 굽힌 자세에서 5초 정도 머무르며 연속된 동작으로 15회 실시한다.

군살 없는 등라인 엎드려 두 손으로 바닥을 짚고, 상체를 위로 젖혀 준다. 10초 동안 정지 자세로 있다가 상반신을 좌우로 비틀어 주기를 5회씩 반복한다.

엉덩이 처짐 방지 양팔을 포개어 엎드린다. 양다리를 번갈아가면서 올렸다 내리기를 반복한다.

아름답고 탄력 있는 가슴 가슴 높이에서 두 손을 손바닥부터 팔꿈치까지 맞붙게 하여 위로 올려 준다. 한 번에 10회씩 하루 2번 해 준다.

날씬한 팔뚝 양팔을 좌·우·앞·위·아래로 쭉 뻗고 살이 떨릴 정도로 흔들어 준다. 각 방향마다 10초씩 흔든다.

날씬한 종아리　반듯이 누워 양팔은 엉덩이 부분의 바닥에 붙이고, 다리를 들어 올려 자전거 타기를 한다. 한 번에 2~3분 정도 하루에 5회 이상 해 준다.

2. FASHION STYLE 노하우

1) Basic 아이템에 투자하라

80%의 스타일을 결정하는 20%의 베이식 아이템

옷장에 아무리 옷이 많아도 막상 손이 가는 옷은 정해져 있기 마련이다. 사계절 즐기는 청바지, 날이 조금만 쌀쌀해지면 냉큼 챙기는 재킷, 그 하나만으로 심플한 멋이 나는 티셔츠 등 이런 '20%'의 공통점은 무엇과 함께 입어도 무난하게 잘 어울리며 세련돼 보인다는 것!

이런 똘똘한 베이식 아이템을 제대로 갖추고 잘 보이게 정리해 두는 것만으로도 옷 입기가 쉬워진다. 그런 만큼 체형에 어울리면서도 최상의 소재와 착용감, 내구성까지 고루 갖춘 베이식 아이템을 찾기란 쉬운 일이 아니다. 이것이다 싶으면 주저 없이 구매하라. 한 번에 두세 벌을 사 두는 것도 좋다. 가장 먼저 갖춰야 할 베이식 아이템과 그 선택 기준을 챙겨 보자.

톱과 티셔츠

블랙 or 다크브라운 하이넥 톱　얇고 몸에 딱 달라붙는 하이넥 톱은 거의 사계절용 아이템이다. 화려한 프린트의 코트나 재킷도 이것 하나만 받쳐 입으면 완벽해진다. 얇은 캐시미어가 좋지만 고급스런 면도 괜찮다. 목이 짧아 보이거나 답답해 보이지 않으려면 목 부분을 접지 않는 디자인이나 한 번만 접는 것이 좋다. 목 부분을 늘렸을 때 제대로 돌아가는 신축성 있는 소재인지 확인한다.

블랙 · 화이트 · 스킨 컬러 튜브 톱　비치는 옷이나 깊이 파인 옷, 재킷을 완벽하게 받쳐 주는 아이템이면서 하나만 입으면 파티 웨어로 변신하기도 한다. 색상을 겉옷에 맞춰 고르되 비치는 옷에는 화이트보다 스킨 컬러가 좋다. 거친 느낌의 면 저지보다 실크 느낌의 매끄럽고 탄력 있는 소재가 여러 스타일에 두루 어울린다.

탱크 톱 or 캐미솔 톱　레이어드 룩에는 어깨끈이 있는 톱이 필수다. 러닝셔츠처럼 생긴 탱크 톱보다는 캐미솔 톱에 가까운 끈이 가는 톱이 훨씬 실용적이다. 블랙·화이트를 기본으로 여러 색상과 다양한 길이를 두루 갖출수록 좋다. 캐주얼한 면 저지 소재로도 충분하다.

화이트 티셔츠　흔하디 흔한 게 화이트 티셔츠지만, 정장은 물론 캐주얼에도 받쳐 입을 수 있고 체형까지 멋지게 표현해 주는 화이트 티셔츠는 찾기 힘들다. 무엇보다 소재가 중요한데, 캐시미어나

피마코튼처럼 부드럽고 매끈하고 어느 정도의 신축성이 있어야 한다. 네크라인은 얼굴형에 어울리는 너비의 라운드 네크라인이 가장 좋고, 긴 소매보다 반소매나 칠부 소매가 활용도가 높다. 폴로 셔츠는 누구에게나 어울리지는 않는다.

제대로 된 속옷 갖추기

아무리 멋진 옷을 입었다고 해도 속옷이 초라하면 볼품없어 보일 때가 많다. 몸은 물론 겉옷의 실루엣을 망가뜨리거나 민망한 속옷 라인이 드러나지 않도록 주의하고 그에 맞는 속옷을 잘 갖추어 두어야 한다. 속옷을 제대로 갖춰 입었다는 것은 바로 '누드 상태' 같아 보이는 것이라고 할 수 있다. 특히 요즘은 종잇장처럼 얇은 티셔츠나 스웨터가 인기이니 더욱 신경 써야 한다.

최고의 티셔츠 고르기

Best T-shirts

첫째 실루엣 몸에 너무 붙지도 뜨지도 않으면서 가슴과 허리 라인을 자연스레 살려 줘야 한다. 이는 사이즈로 결정할 수 있는 문제가 아니다. 그러므로 가능한 한 입어 보고 결정해야 하고, 자신의 체형과 잘 맞는 브랜드에서 고르는 것이 안전하다.

둘째 소재 티셔츠와 톱으로 가장 흔한 소재는 면과 폴리에스테르, 면과 스판덱스 등의 혼방이다. 피마코튼은 대표적인 고급 면이며, 이집트 면이나 '60수 이상'이라면 모두 고급 면이라 좋다.

셋째 네크라인   네크라인은 얼굴형이나 체형은 물론 경제 상황이
나 성격까지 달라 보이게 할 만큼 대단한 힘을 가지고 있다. 얼굴이
크고 어깨가 좁은 사람은 목 가까이 올라오는 라운드 네크라인보
다는 넓은 스쿠프트 네크라인이 낫고, 얼굴이 길고 뾰족하면 가로
로 넓은 보트 네크라인, 얼굴이 네모지고 가로로 넓으면 V자로 넓
게 파인 딥브이 네크라인이 좋다.

Top & T 톱과 티셔츠

어떻게 활용할까?

티셔츠와 톱 가운데 활용도가 가장 높은 것은 얇고 슬림하며 엉덩
이를 살짝 덮는 길이다. 특히 흰색이나 회색은 하나만 입어도 훌륭하
지만, 노출이 심한 원피스나 캐미솔 톱, 튜닉 안에 받쳐 입기에 안성
맞춤이다. 스포티하고 헐렁한 티셔츠는 스키니 진이나 하늘하늘한 치
마처럼 일자 라인의 하의와 좋은 대비를 이루어 멋스럽다. 긴 티셔츠
나 톱은 스키니 진이나 레깅스와 함께 입으면 짧은 원피스가 되고,
조끼나 재킷 같은 남성적 아이템을 덧입어도 색다르다. 박스형 티셔츠
는 키가 크고 아주 마른 사람이 아니라면 어느 한 군데는 몸에 붙게
입어야 한다.

셔츠 & 블라우스   꼭 깔끔하게 떨어지는 디자인이 아니어도 좋
다. 개인의 체형에 따라 스탠드칼라가 어울리는 사람, 플랫칼라가 어
울리는 사람, 레이스나 단추 장식이 있는 셔츠가 어울리는 사람도 있

다. 또 슬리브리스 톱이나 티셔츠 위에 질끈 묶어 입어도 자연스러우면 완벽하다. 구김이 적고 세탁이 편해야 함은 기본이다.

셔츠   화이트 셔츠는 특히 소재가 중요하다. 싸구려는 한눈에 봐도 형광빛이 도는데, 이것이 동양인의 노르스름한 피부와 정면으로 충돌해 '빈티' 나고 아파 보이게 할 뿐 아니라, 세탁을 해도 말끔하게 정리된 느낌이 나지 않고 어딘가 후줄근해 보인다. 반면 좋은 화이트 셔츠는 순면에 조직이 치밀하면서도 부드럽고 아이보리에 가까운 중후한 흰색이 돈다. 블루 셔츠 역시 '급'에 따라 푸른색의 격조부터가 다르다. 화이트 셔츠와 블루 셔츠는 기본 아이템이기 때문에 자주, 다양하게 매치해 입을 수 있는 단순한 디자인이 좋다.

칼라와 V존의 길이와 형태도 중요하다. 얼굴형과 크기에 따른 최적의 V존이 있는데, 만약 첫 번째 단추가 어중간한 위치라 원하는 깊이의 V존을 만들 수 없으면 원하는 위치 안쪽에 옷핀으로 고정시킨다. 얼굴이 둥글수록 칼라가 날카로운 셔츠를 골라 단추를 열어 V존을 깊게 한다. 체크 셔츠는 몸을 네모 반듯하게 팽창시키는 힘이 있기 때문에 어깨가 처지고 가슴은 크며 배도 조금 나온, 몸매가 둥글둥글한 체형을 바로잡아 준다. 세로줄 무늬 셔츠는 줄무늬가 가늘수록 몸이 날씬해 보인다. 그러나 무늬 없는 하의와 입었을 때 자칫 상체가 길어 보일 수 있으니 주의해야 한다. 체구가 큰 사람은 딱 맞는 것을,

체구가 작은 사람은 헐렁한 것이 잘 어울린다. 물론 중간 체구는 어떤 스타일도 잘 소화할 수 있다. 헐렁한 셔츠는 애초부터 헐렁한 실루엣으로 디자인되어 어깨가 그리 크지 않은 것을 고른다.

블라우스　블라우스 역시 체형 고려가 가장 중요하다. 목이 짧고 굵은 사람은 목을 감싸거나 특히 큰 리본이 달린 블라우스는 피해야 한다. 만약 입는다면 머리를 깔끔하게 올려 얼굴과 목 사이의 공간을 최대한으로 만들어야 한다. 어깨가 넓은 사람은 소매에 주름을 잡은 퍼프 소매는 피해야 한다. 가슴이 큰 사람은 앞면에 프릴이 잔뜩 달린 것은 피해야 하며, 팔이 짧은 사람은 손목을 조이는 커프스가 넓은 것과 과하게 풍성한 비숍 소매는 피해야 한다.

블라우스와 함께 입는 하의는 여성스럽지 않은 것이 좋다. 하늘거리는 블라우스에 하늘거리는 치마는 부담스러울 정도로 과하다. 블라우스가 여성스럽고 화려할수록 하의는 남성적이고 단순한, 남자 정장 바지 같은 트라우저나 물을 빼지 않은 청바지가 좋다. 또는 면이나 모직 반바지도 잘 어울리고, 심지어 평소에 입기 애매한 가죽 바지도 실크 블라우스와 잘 어울린다. 치마는 일자로 떨어지는 펜슬 스커트가 좋다. 소품 또한 직사각형의 핸드백이나 클러치, 단순한 펌프스나 부츠처럼 남성적인 느낌이 세련돼 보인다. 덧입는 옷도 남성적인 라인의 테일러드 재킷이나 바이커 재킷이 의외로 잘 어울린다. 마르고 어깨도 각이 져서 좀 더 부드럽게 보이고 싶다면 재킷 대신 카디건이 좋다.

다크 컬러의 스키니 진 or 부츠컷 진　바지라기보다는 레깅스나 타이츠처럼 어떤 옷에든 받쳐 입기에 좋다. 따라서 다리를 일직선으로 슬림하게 드러내는 스키니 핏이나 무릎에서 약간만 벌어진 부츠컷이 좋으며, 워싱이 거의 없는 짙은 블루나 블랙에 장식이나 스티치가 눈에 띄지 않아야 한다. 디자인을 고를 때는 정장 재킷과 입어도 어색하지 않은지를 보면 된다. 소재는 오래 입어도 물이 빠지지 않고 늘어나지 않을지 따져 봐야 한다.

코트

트렌치코트　기본 아이템이라고 하기에는 유행을 많이 타는 편이다. 스타일은 유행에 민감할지라도 반드시 갖추어야 할 아이템이다. 두고두고 오래 입으려면 베이지색의 기본적인 디자인을 골라야 하지만, 펑퍼짐하지 않은 여성스러운 라인인지 잘 살펴야 한다. 전통적인 트렌치코트는 더블브레스트에 벨트를 매며 날씨에 따라 붙였다 뗄 수 있는 라이닝이 있으며, 길이는 무릎 밑으로 내려올 정도로 다소 길다. 최근에는 취향에 따라 골라 입을 수 있게 다양한 스타일의 트렌치코트가 있지만, 절대 실패하지 않을 디자인은 약간 짧은 듯하면서도 폭이 좁은 스타일이다. 트렌치코트는 진과 티셔츠 차림에는 격식을, 드레시한 옷차림은 거추장스럽지 않게 만들어 준다.

겨울 코트　코트는 가장 필요하지만 가장 고르기 까다로운 옷이다. 소재나 실루엣, 디테일을 조금만 잘못 선택해도 완전히 뚱뚱해 보이게 만들기 때문이다.

코트를 살 때는 반드시 안감 먼저 체크해야 한다. 안감이 너무 헐렁하거나 너무 꽉 조이면 겉감의 실루엣이 예쁘게 살지 않기 때문이다. 안감 때문에 코트의 실루엣이 잘 살지 않는다면 안감만 수선해도 새로운 기분으로 코트를 입을 수 있다. 또한, 코트는 가격이 만만치 않기 때문에 무엇보다 좋은 소재를 잘 고르고 관리해야 한다. 철이 지나면 드라이클리닝을 해서 슈트케이스에 넣어 보관하고 일주일에 한번 정도 케이스에서 꺼내 바람을 쐬어 주면 좋다. 밍크나 가죽 소재의 경우 습기 제거제를 넣어 보관하면 옷이 상할 수 있으니 유의해야 한다.

내게 맞는 코트는?

키가 작은 경우　너무 긴 코트는 피한다. 무릎 위나 바로 아래 길이에 레깅스와 롱부츠를 매치하면 잘 어울린다.

키가 큰 경우　밀리터리 스타일이나 벨트가 있는 트렌치코트가 잘 어울린다. 무엇보다 소매가 짧지 않은 것이 중요하다.

통통한 경우　볼륨 있는 스타일은 반드시 피할 것! 팽창돼 보이는 트위드, 양 가죽, 밝은 톤, 가로줄 무늬, 많은 디테일의 코트 역시 피해야 한다. 어두운 톤에 단순한 라인, 슬림하고 허벅지 중간이나 무릎 정도 길이의 코트가 좋다.

하체가 통통한 경우 벨트로 허리선을 잡아주거나 A 라인으로 엉덩이가 가려지는 스타일이 좋다.

블랙 or 화이트 재킷

재킷은 몇 년마다 유행이 크게 바뀌는 아이템이지만, 그럼에도 내내 사랑받는 스타일은 슬림하고 칼라가 날렵한 재킷이다. 이런 재킷을 고를 때의 첫째 조건은 피팅이다. 마치 맞춘 듯 사이즈가 잘 맞고 입으면 몸매가 좋아 보여야 한다. 아무리 고급 재킷이라도 어정쩡한 실루엣이라면 그저 옷걸이에만 걸릴 뿐이다.

블랙 or 브라운 카디건

카디건은 재킷을 고르듯이 고르면 된다. 단, 니트이기 때문에 소재를 더욱 세심하게 골라야 한다. 얇은 캐시미어가 가장 좋고 합성섬유가 많이 들어갈수록 쉽게 번들거리고 보풀이 쉽게 생긴다. 길이는 엉덩이 윗부분을 살짝 덮고 허리선이 약간 들어가야 한다.

So Good!

바지와 블레이저와 부츠의 조합에 따라 백만 가지의 분위기를 연출할 수 있다. 슈렁큰 블레이저에 부츠를 신으면 터프하고 섹시한 분위기를 연출할 수 있으며, 트위드 재킷에 승마 부츠를 신으면 캐주얼하면서도 귀티를 낼 수 있다. 부드러운 라인의 여름 재킷은 세련된 느낌을 주며 카디건 역할도 한다. 또한, 계절별로 재킷 안에 받쳐 입을 버튼다운이나 얇은 캐시미어와 니트, 티셔츠와 탱크톱 등은 필수로 준비해 두어야 한다. 남성적인 느낌이 강한 더블버튼 재킷에 여성적인 아이템을 매치하고, 네이비 블레이저로 댄디하고 스마트한 프레피룩을 연출해도 좋다.

롱 재킷은 같이 매치하는 옷의 길이가 관건이다. 하체가 통통하면 와이드 팬츠에 킬힐을, 다리가 늘씬하면 재킷보다 약간 긴 미니스커트나 쇼트 팬츠가 좋다. 화이트 재킷에는 실버나 아이보리와 같은 비슷한 톤을 매치하면 여성스럽고 드레시해 보이며, 블랙이나 네이비 등 보색 컬러와 매치하면 날씬해 보인다.

재킷 어떻게 고르지?

기본적으로 팔 라인과 어깨너비가 적당해야 하고, 손목에서 2.5cm 내려온 소매 길이를 챙겨야 한다. 그리고 재킷을 입었을 때 날씬해 보이는지 아닌지는 허리 다트와 버튼, 그리고 재킷 길이가 결정한다. 전체적으로 몸이 길고 가늘어 보이는 허리 다트의 허리선은 진짜 허리선보다 1cm 정도 높아야 하며, 다트가 그리는 곡선이 부드러워야 한다. 동글동글한 여성적인 몸매에는 더블버튼 재킷이, 납작한 몸매에는 싱글버튼 재킷이 어울린다. 재킷 길이는 보통 힙선을 살짝 가리는 정도가 가장 무난하지만 엉덩이가 지나치게 뚱뚱하거나 허벅지에 결함이 있다면 피해야 한다. 또한, 다리가 짧거나 키가 작다면 약간 짧은 크롭트 재킷이 어울린다.

모피　모피, 특히 모피 베스트는 개성 있는 스타일 연출에 아주 유용하다. 모피의 특징을 잘 살린 알파카나 비버 베스트는 에스닉한 아이템이나 빈티지룩과 잘 어울린다. 또한, 광택 소재의 레깅스와 스니커즈를 매치한 스포티브룩과도 놀라울 정도로 잘 어울린다.

이렇듯 유용한 모피 베스트를 즐길 수 있는 또 다른 방법은 다른 종류의 아우터와 매치하는 것이다. 하프 길이의 트렌치코트 위에 크롭트 모피 베스트를 더하거나, 블레이저 위에 덧입을 수도 있으며, 길이가 비슷한 가죽 베스트나 니트 베스트 위에 겹쳐 입으면 아주 신선하고 세련된 스타일을 연출할 수 있다. 이때 덩치나 키가 작으면 길이가 짧거나 부분적으로 트리밍이 들어간 크롭트 베스트가 좋고, 조금 뚱뚱하다면 아주 타이트한 레깅스나 테일러드 팬츠, 그리고 벨트로 모피 베스트에 긴장감을 주어야 한다.

원칙은 부피감이 있는 모피는 얇거나 몸에 달라붙는 의상과 매치해야 한다는 것이다. 키가 커 보이는 타이트 롱부츠나 벨트, 페도라를 더하면 한층 다양한 스타일을 연출할 수 있다.

그 외의 Basic 아이템들

밀리터리풍 파카 엉덩이를 덮는 길이의 재킷으로 사파리 재킷과 비슷하다. 스탠드 칼라에 지퍼 장식이나 아웃포켓이 있고 허리를 조이는 끈이나 벨트가 있다. 거의 모든 옷에 어울리는데, 특히 로맨틱한 블라우스나 스커트 위에 걸치면 언밸런스한 멋을 낸다. 길이도 엉덩이를 가리기 때문에 체형 커버에도 좋고 낡아도 멋이 있다. 세탁에 강한 면 소재에 광택 없는 터프한 질감이 좋고, 무엇보다 중요한 건 크게 입어도 어색하지 않은 실루엣을 고르는 것이다.

튜닉 상의보다는 길고 그렇다고 원피스라고 하기에는 짧은 의상으로 레깅스와는 원피스처럼, 바지와는 셔츠처럼 입을 수 있고 컬러풀한 티셔츠와 재미있게 매치할 수도 있다. 활동도 좋고 동양인 체형 커버에도 탁월하다. 긴 소매보다 반소매나 칠부 소매가 좋다. 어울리는 튜닉을 고르려면 자신의 키를 황금 분할하는 길이인지, 벨트를 맸을 때 어색하지 않은지, 구김이 가지 않는 소재인지를 확인해야 한다. 다양하게 매치해서 입으려면 단색이 좋다.

미니멀한 블랙 드레스 미니멀한 블랙 드레스는 그것만으로도 최고의 스타일링이 가능한 최고의 아이템이다. 단, 잘 어울리는 슈즈가 관건이다. 펌프스 같은 지루한 아이템 말고 스트랩 힐이나 럭셔리 스킨 힐이 적당하다. 블랙 드레스 본연의 드레스 업스타일을 연출하려면 최대한 단순하고 클래식한 디자인의 드레스에 원색의 볼드한 칵테일 링이나 알이 굵은 진주 목걸이를 매치한다. 반대로 다운 스타일로 연출하려면 빈티지 가죽 블루종이나 터프한 가죽 봄버에 그런지한 가죽 부츠가 좋다.

2) 다양한 프린트의 컬러 매치로 스타일 UP

애니멀 프린트 촌스러움과 세련됨의 경계를 오가는 애니멀 프린트를 제대로 연출하려면 단계별로 점점 더 고난도에 도전하는 것이 중요하다. 처음에는 소품부터 시작한다. 모자는 좀 어려운 아이템이니 신발이나 가방 또는 장갑이나 벨트를 활용한다. 2% 부족했던 의상에 에지가 살아날 것이다. 그러나 이때 꼭 하나의 아이템만 사용해야 한다. 그다음에는 블랙·그레이·카키 등 모노 톤이나 다운된 톤 등 세련된 컬러와 매치해 보는 것이다. 이때는 애니멀 프린트 역시 톤 다운된 컬러를 선택해야 하며, 튀는 색상은 반드시 피해야 한다. 애니멀 프린트에 어느 정도 익숙해졌다면 의상에 도전한다. 애니멀 프린트 상의를 고급스럽게 매치하기는 너무 어려운 일이니 먼저 호랑이나 얼룩말을 닮은 스커트를 단색의 캐시미어 스웨터나 티셔츠와 매치해 보자. 고급스럽고 섹시한 스타일이 연출될 것이다. 이때 스타킹은 반드시 광택 없는 불투명 단색 스타킹이어야 한다! 그다음 단계로 상의에 도전해 보자. 호피 프린트 카디건으로 섹시함을 연출해 보자. 블랙·그린·핑크 컬러의 브라가 살짝 보이게 입고 쁘띠 스카프를 살짝 매주거나, 플레인 화이트 티셔츠에 블루 데님을 입고 빨간 스키니 벨트를 매어도 아주 좋다.

마지막으로 호피 프린트 코트. 럭셔리한 애니멀 프린트 아우터는 캐주얼한 데님이나 화이트 진과 매치해야 애니멀 프린트의 강렬함이 살아나며 더욱 멋지게 연출된다. 호피 트렌치코트에 블랙 팬츠나 스타킹, 그리고 베레나 오버사이즈 선글라스를 매치하면 강력한 카리스마가 발산된다.

컬러 매치

컬러는 다른 아이템의 도움 없이도 새로운 스타일을 만들어 내는 디자인의 중요한 요소다. 그러므로 컬러만 잘 고르고 매치해도 전혀 새로운 이미지를 구현할 수 있다. 물론 개인마다 타고난 피부 톤이 있으므로 자신의 피부 톤에 맞는 컬러를 고르는 것이 가장 기본이다. 그 위에 다양한 방식으로 컬러를 활용한다면 자신도 몰랐던 다양한 멋을 연출할 수 있다.

톤온톤 매치

컬러 매치 가운데 가장 쉬운 첫 단계로 동색 계열끼리 매치하는 것이다. 블랙과 그레이, 옐로와 머스터드 혹은 골드를 매치하는 것이 그 예이다. 실수할 확률은 적으나 뚱뚱해 보이거나 지루해 보일 수 있다.

강렬한 매치

핫 핑크나 오렌지, 눈이 부실 정도의 네온 옐로 등 강렬한 컬러로 스타일에 스파크를 주는 것이다. 이처럼 튀는 컬러는 디자인이 단순할수록 컬러가 더 돋보인다. 그러므로 함께 매치하는 아이템은 블랙이나 그레이처럼 모노톤으로 눌러 주어야 한다.

보색 매치

블랙에 옐로를 매치하면 세련되면서도 생동감이 생긴다. 블랙에 레드를 매치하면 섹시함이 강조되며, 블랙과 골드의 매치는 우아하면서도 글래머러스한 이미지를 연출해 준다. 원색은 뚱뚱해 보일 수 있으므로 보색 컬러 비율은 포인트로만 적게 사용하고, 상체가 뚱뚱하면 상체를 블랙과 같은 수축색으로, 하의는 원색으로 매치하는 식으로 체형을 고려해 매치한다.

같은 블랙 다른 소재

블랙은 잘못하면 인상이 어둡거나 무서워 보일 수 있으니, 블랙은 전체의 50% 정도만 입고 나머지는 스킨 톤을 보여 주는 것이 바람직하다. 만약 올 블랙이라면 서로 다른 소재로 매치하는 것이 기본이다.

파스텔 컬러와 톤다운 컬러 매치

애매한 파스텔 컬러와 톤다운 컬러를 매치하면 부해 보이거나 인상이 흐릿해 보일 수 있다. 파스텔 컬러는 블랙 앤 화이트나 같은 파스텔 컬러끼리 매치하고, 화려한 액세서리나 원색 소품을 매치하면 세련돼 보인다.

프린트 컬러 활용

가장 흔하고 쉬운 컬러 매치는 상의 프린트 컬러 가운데 하나로 팬츠나 신발을 통일시키거나, 패턴과 액세서리, 슈즈의 컬러를 통일시키는 방법이다. 이 매치는 무난한 듯, 멋 내지 않은 듯, 그러면서도 튀지 않으며 세련되게 연출할 수 있다.

3. 작지만 강력한 패션 소품

1) 반짝반짝 액세서리

액세서리는 단순한 옷에 세련된 포인트를 주고, 전혀 다른 분위기와 이미지를 연출해 준다. 우아한 이미지에는 복잡한 디테일이나 트리밍을 뺀 고급스러운 금단추, 스카프, 핸드백, 하이힐 등이 좋으며, 클래식 이미지는 코사지, 금단추, 진주 목걸이 등 고급 소재가 적절하다. 또한, 내추럴 이미지에는 나무나 조개껍데기로 만든 팔찌나 목걸이, 짚을 엮어 만든 망태기 형태의 백이나 신발, 캔버스 천이나 부드러운 가죽 등 자연 소재를 사용한 모자나 가방 등으로 자연스럽게 연출하며, 에스닉 이미지는 아프리카나 인도풍의 나무, 뿔, 유리, 은 등의 목걸이와 귀고리, 팔지나 터번, 반다나나 숄 등을 활용하면 좋다. 이처럼 액세서리는 이미지의 감성을 완성시키는 강력한 아이템이다.

베이식 액세서리

스털링 실버나 골드 체인 목걸이와 팔찌 터프한 체인 형태의
스털링 실버 92.5%의 은 목걸이와 팔찌는 드레시 스타일과 캐주얼 스
타일 모두에 어울리는 가장 기본적인 아이템이다. 은 무게가 상당하
기 때문에 많이 비싸긴 하지만 투자할 만하다. 체인 굵기와 길이가 자
기 목에 잘 어울리는지 꼭 확인해야 한다. 금은 순금보다 14k나 무광
처리된 가늘고 긴 스타일이 훨씬 세련되어 보이며, 체인만 구매하고
이후에 다양한 펜던트 등을 활용해 변화를 주면 좋다.

진주 초커 목둘레보다 약간만 큰 목걸이 초커를 진
주로 준비해 두면 심플한 스타일에 고급스러움을 부여
해 순간, 오드리 헵번으로 변신시켜 주는 아이템이
다. 긴 진주 목걸이로 샤넬을 연출할 수도 있다. 천연
진주가 아니라도 핵진주, 인조진주나 둥근 담수진주
도 색감이 좋고 수명도 길어 오히려 경제적으로 활용
할 수 있다. 진주알의 직경은 7~8mm가 무난하다.

산호나 상아를 이용한 에스닉 목걸이 리조트룩을 연출하는
여름철 필수품으로 고급스러운 천연 소재 제품을 동남아 여행이나
인터넷 쇼핑몰에서 싸게 장만할 수 있다.

뱅글 뱅글은 수갑으로 보일 정도로 두꺼운 팔찌로, 순식간에 스타일을 업시켜 주는 기특한 아이템이다. 다양한 소재가 있으나 브론즈나 골드, 실버나 나무가 기본이다. 특히 바랜 듯한 색감이 캐주얼웨어에도 잘 어울릴 뿐 아니라 세련돼 보인다. 인도 수입 제품 전문점이나 인터넷 쇼핑몰에서 저렴하게 구매할 수 있지만, 골드 컬러는 고급 제품을 선택하자. 프린트나 컬러, 디자인 등이 복잡한 옷에는 단색의 두꺼운 뱅글로 시선을 정리해 주고, 모노톤의 심플한 상의나 밋밋한 원피스에는 컬러풀한 뱅글로 포인트를 준다. 여러 컬러의 뱅글을 매치하는 것보다 같은 소재로 디자인이나 두께가 다른 뱅글을 여러 개 매치하는 것이 더 세련돼 보인다.

라인스톤 목걸이와 귀고리 격식 있는 저녁 모임이나 파티에는 모조 다이아몬드인 라인스톤이나 큐빅, 지르코니아 소재의 화려한 목걸이와 귀고리가 좋다. 조명에 반사된 광채가 파티의 화려함에 어울린다.

칵테일 링 오른손 검지에 끼는 알이 큰 칵테일 링이나 새끼반지는 그 자체로 세련된 스타일이다.

반지 시선을 손으로 모아 주는 반지는 크게 하나만, 혹은 작은 것을 여러 개 매치하는 것이 포인트이다. 시선이 손으로 쏠리는 만큼 네일 관리에도 신경 써야 한다. 반지는 알의 크기와 몇 개의 반지를 하느냐가 관건인데, 원석 반지나 칵테일 링처럼 큰 디자인이라면 손가락의 1.5배 정도의 크기가 적당하다.

반지의 기본 형태

밴드   끊어진 자국이 없는 둥근 디자인

솔리테르   보석이 한 개만 있는 디자인

가드   보석이나 인조보석으로 다양하게 장식된 디자인

트윈   두 개의 반지를 끈으로 한 지점에서 감은 디자인

스파이럴   손가락을 나선 모양으로 감는 디자인

팔찌와 발찌   팔찌는 옷은 물론 목걸이, 귀고리와 조화를 이루어야 산만해 보이지 않는다. 크게 유행을 타지 않는 깔끔한 금팔찌, 의상과 어울리면서도 포인트가 되어 주는 보석팔찌 등 종류는 다양하다. 스포티한 의상에는 나뭇조각, 나무열매, 가죽, 플라스틱 등이 잘 어울리고, 드레시한 의상에는 금, 은, 보석류가 좋다. 반지와 마찬가지로 여러 개의 팔찌를 한꺼번에 혹은 양팔에 착용할 수도 있다. 겨드랑이 가까이에 보석으로 만든 암렛을 하면 우아하고 고급스러워 보이고, 플라스틱, 준보석, 유리, 큐빅은 젊고 발랄하며 귀여운 느낌을 준다. 팔목이나 손목이 가는 사람은 어떤 디자인이나 잘 어울리지만, 손목이 굵은 사람은 두껍고 무거워 보이는 순금 디자인이나 붉은색 계통의 플라스틱 디자인은 피하고 큐빅이나 다이아몬드가 박힌 가는 줄 스타일이 좋다. 또한, 여름에 맨발에 샌들을 신을 때는 깔끔한 발찌로 색다른 분위기를 연출할 수도 있다.

팔찌의 종류

뱅글 인도나 아프리카에서 유래된 것으로 두꺼운 팔찌나 발찌

암렛 손목이나 윗팔 부분에 하는 팔찌로 주로 팔 윗부분 겨드랑이에 착용

체인 사슬을 연결한 것 같은 디자인

목걸이 가장 보편적이고 대중적인 액세서리로서 목걸이는 네크라인이 단순하고 많이 파진 디자인에 착용해야 더욱 돋보인다. V 네크라인이 만드는 공간 중간에서 목걸이를 길게 늘어뜨리면 모양이 좋지 않으며, 허리를 묶는 디자인의 옷차림에 목걸이를 길게 늘어뜨리는 코디 역시 피해야 한다. 정장에는 심플한 디자인의 목걸이가 눈에 띄지 않으면서도 옷의 분위기를 돋보이게 만든다.

목걸이의 종류

펜던트 줄에 보석, 시계, 메달 등의 장식을 늘어뜨리는 모든 목걸이

초커 목을 감싸듯 밀착되는 형태의 목걸이

마티네 같은 크기의 구슬을 길게 연결한 목걸이

참 스트링 금이나 은, 진주 등에 달아 연결한 목걸이

롱네크리스 로프(rope)라고도 하며, 사슬이나 구슬 등을 길게 늘어뜨린 목걸이

소트와르 목에 여러 번 감는 스타일의 긴 목걸이

리비에르 '강'이라는 뜻의 프랑스어로 다이아몬드나 보석이 물 흐르듯 여러 줄로 된 목걸이

파이어리츠 해적풍 목걸이의 총칭으로 물고기, 조개, 조약돌 등 바다와 관련된 소재로 만들어진 목걸이

체인 금속이나 띠로 사슬 모양을 연결한 목걸이

코일 체인 금속선을 구부려서 원 모양으로 만든 목걸이

귀고리 귀고리는 자신의 얼굴과 일상적인 스타일에 가장 잘 어울리는 작고 심플한 것을 골라야 한다. 귓불에 딱 달라붙는 다이아몬드 귀고리는 어떤 스타일에도 잘 어울린다. 진주 귀고리나 동그란 골드 귀고리도 데일리 아이템이다. 샹들리에 귀고리처럼 눈길을 끄는 아이템을 할 때는 목걸이는 물론 반지나 팔찌도 생략하는 편이 좋다. 단정한 비즈니스 스타일에는 귀에 달라붙는 버튼형 귀고리로 세련되게 연출하고, 귓불에 매달리거나 달랑거리는 댕글·드롭 스타일은 로맨틱한 분위기, 형태가 단순한 비비드 톤의 귀고리는 캐주얼 스타일에 착용하면 좋다.

귀고리의 종류

클립폰 이어링 귓불 앞 뒤쪽에 클립으로 귀에 고정시키는 귀고리의 총칭

피어스 이어링 귓불에 구멍을 뚫어 사용하는 형태의 귀고리

후프 이어링   캐주얼 스타일에 잘 어울리는 커다란 고리 모양의 귀
고리

링 이어링   말 그대로 부담 없이 착용하는 둥근 링 형태의 귀고리

댕글 이어링   귓불에 매달려 흔들리는 스타일로 디자인이 다양하
고 모든 의복에 잘 어울리는 귀고리

부케 이어링   다발을 모은 것 같은 형태로 화려하며 사랑스럽고 귀
여운 이미지의 귀고리

캐스케이드   폭포가 흘러내리는 듯한 스타일로 길이감이 있는 화
려한 귀고리

샹들리에   샹들리에처럼 장식물이 부착되어 흔들리는, 크기가 있
는 귀고리

브로치   좌우 대칭의 인체와 옷에 비대칭의 긴장감을 주는 브로
치는 주목도가 높은 아이템이다. 브로치라고 하면 보통 가슴에 다는
액세서리라고 생각하기 쉬우나, 허리·어깨·머리 등에 자유롭게 달아
심심한 옷에 변화를 주거나 부분을 강조한다.

장식이나 여밈의 목적으로 사용하는 금속 핀이나 클립에 보석을 박
은 것이 가장 흔한 형태이며, 꽃장식인 코사지는 여성복 가슴·어깨·
허리 등에 달아 옷을 한층 더 빛내 준다. 브로치는 장식이 없거나 디
자인이 간단한 의상에 어울리는 액세서리로 장식이 많은 옷에는 달
지 않는 것이 좋다.

내 얼굴형에는 어떤 귀고리가 어울릴까?

기본적으로 귀고리는 얼굴형과 똑같은 모양을 피해야 한다.

삼각형 얼굴   위쪽이 넓고 아래쪽이 좁은 디자인을 고른다.

역삼각형 얼굴   위쪽이 좁고 아래쪽이 넓은 디자인을 고른다.

둥근 얼굴   넓은 디자인보다 긴 디자인을 고른다.

타원형 얼굴   다양한 모양이 다 어울린다.

사각형 얼굴   넓지 않고 좁은 드롭 형태가 가장 잘 어울린다.

직사각형 얼굴   사각의 넓고 짧은 디자인을 고른다.

다이아몬드형 얼굴   삼각형 얼굴과 마찬가지로 턱 쪽으로 넓어지는 삼각형이나 눈물방울 모양을 고른다.

Accessory Choice, 액세서리 어떻게 고를까?

조화를 이루는 컬러

액세서리를 고를 때는 의상과 조화를 이루는 색을 골라야 한다. 의상에서 강조하는 색의 액세서리는 그 색을 반복해서 보여 주기 때문에 시선을 끌고 싶은 부분을 넓혀 강조하는 효과가 있다. 그러나 액세서리는 전부 같은 색으로 구매하지 않는 것이 현명하다. 액세서리를 동시에 두 개 이상 착용할 때는 같거나 비슷한 색으로 맞추고 가능한 한 멀리 떨어진 부위에 착용하는 게 좋다.

과하지도 모자라지도 않게

모든 것은 '적당할 때' 가장 보기 좋다. 사람이 파묻혀 보일 정도로 지나치면 곤란하지만, 액세서리를 전혀 하지 않으면 허전하고 빈 듯한 느낌이 들어 이 역시 좋지 않다. 액세서리는 한 가지에 집중해 포인트를 주는 것이 좋다.

Accessory Styling, 액세서리 스타일링의 키포인트

골드와 실버는 섞지 않는다

스스로의 감각에 대단한 자신감이 있는 사람이 아니라면 골드와 실버는 섞지 말자. 시계는 차가운 스틸 소재, 브론즈 느낌 가방, 골드 체인 목걸이…. 이런 식이라면 뒤죽박죽, 통일감이 사라진다.

같은 소재, 다른 굵기나 길이

모조 진주 목걸이의 겹치기 테크닉으로 세월에 구애받지 않는 세련미의 극치를 이룬 샤넬, 이를 활용해 보자. 짧은 진주 초커에 긴 로프 타입을 매치하고 그 사이에 가는 진주를 여러 겹 둘러 보자. 뱅글도 마찬가지다. 이때 포인트는 같은 두께는 촌스러워지기 쉬우므로 굵은 것 하나에 가는 링 여러 개가 세련되어 보인다.

포인트 액세서리는 주인공

주인공은 주인공답게 강조해 주어야 한다. 예를 들어 눈에 띄는 체인 목걸이를 했다면 두꺼운 웨스턴풍 벨트는 피해야 한다. 목걸이가 충분히 돋보이도록 허리는 비워 둔다. 반대로 굵은 벨트를 했다면 두꺼운 팔찌는 피하고, 톤 다운된 레깅스를 매치한다.

옷과 액세서리는 만나지 말아야 한다

깊이 파인 네크라인 바로 위에 긴 목걸이나, 긴 소매의 옷에 뱅글을 차는 것처럼 액세서리와 옷의 가장자리가 부딪치는 것은 보기 좋지 않다. 액세서리는 그 힘을 발휘할 충분한 공간이 필요하다. 즉 긴 목걸이는 네크라인이 높은 옷에, 짧은 목걸이는 네크라인이 깊게 파인 옷에, 길게 늘어지는 귀고리는 어깨가 드러나는 옷에 잘 어울린다.

시선을 피하고 싶으면 액세서리도 피하라

자신의 체형도 잊은 채 유행을 따르는 사람들이 있다. 큰 머리에 두건, 굵은 다리에 레깅스, 짧은 목에 초커 등 자신도 모르게 이런 실수를 저지르는 것이다. 아무리 유행이라고 해도 약점인 곳에는 절대로 시선을 집중시키지 말아야 한다.

2) 여자의 자존심, 가방

혹자는 '남자에게는 차, 여자에게는 가방'이라고 말한다. 그만큼 가방이 패션에서 차지하는 위치는 크고 강력하다. 옷차림에 크게 신경쓰지 않아도 적당한 가방을 멋지게 코디하면 쿨한 멋쟁이가 되는 반면, 아무리 패셔너블한 옷차림이어도 가방을 볼품없이 매치하면 완벽한 스타일링은 물 건너간다. 가방은 우선 계절에 따라 여름용·겨울용, 용도에 따라 정장용·캐주얼용 이렇게 네 가지를 갖추면 좋다. 가방은 한 번 구매하면 오래 사용하므로 구두, 벨트 등과 마찬가지로 좋은 소재로 구입하자. 가방을 꼭 구두나 의상 컬러와 맞출 필요는 없다. 의상과 소품은 비슷한 색으로 조화시키고 전혀 다른 컬러의 가방으로 포인트 컬러를 주어도 멋지다. 블랙·브라운·화이트 등의 기본적인 컬러는 어느 경우든 무난하니 구비해 두면 좋다.

가방의 종류

토트백 Tote bag　입구가 열려 있고 손잡이가 짧아 팔에 걸치거나 손으로 드는 캐주얼한 스타일이다. 소지품이 많이 들어가며 지퍼가 없는 것이 편하다.

숄더백 Shoulder bag　어깨에 멜 수 있는 가방이기 때문에 손이 자유롭다. 세련되고 도시적인 느낌을 주어 직장 여성이라면 서류가 들어가는 크기로 하나 갖추어 두면 좋다.

클러치 Clutch　끈 없이 손으로만 드는 가방이다. 캐주얼하게 큰 것도 있고 숄더백 겸용인 것도 있다. 직장 여성의 경우 파티용으로 하나쯤 장만하는 것이 좋다.

포셰트 Pochette　실용성과 장식성을 겸비한 작은 백으로 긴 끈으로 어깨에서 대각선으로 늘어지게 멘다.

샤넬 백 Chanel bag   프랑스 디자이너 샤넬이 고안한 백으로 퀼팅한 부드러운 가죽 몸체에 금줄이나 가죽 줄 끈이 있는 숄더백이다.

이브닝 백 Evening bag   이브닝 백의 기본은 새틴이나 벨벳 클러치이다. 디테일이 많고 화려한 것이 좋으며, 스티치가 밖으로 드러나지 않아야 한다. 좋은 이브닝 백은 의외로 빈티지 숍에서 찾을 수 있다.

쇼퍼 백 Shopper bag
이것저것 넣을 수 있으면서도 가볍고,
게다가 어떤 스타일에도 잘 어울린다.

닥터 백 Doctor bag   의사의 왕진 가방처럼 복고풍의 투박한 모양이지만 의외로 여성적인 스타일에 잘 어울린다. 특히 무게감 있는 코트에 잘 어울리므로 겨울에 훨씬 유용하다.

호보 백 Hobo bag   밑 부분이 처져 반달 모양이 되는 백이다. 어떤 슈트나 오피스룩에도 잘 어울리면서 수납 공간도 많아 간편하기 때문에 오피스 레이디들의 열렬한 사랑을 받는다.

스트럭처 백 Structure bag   '각'이 잡힌 가방이다. 똑 떨어지는 스타일 때문에 오피스 백으로 안성맞춤이지만, 진이나 히피풍 원피스 같은 캐주얼 스타일에 들어도 믹스 앤 매치 효과를 낸다.

Bag Styling, 가방, 어떻게 코디할까?

지금 입은 옷과 적절하게 어울리는가?

각자 취향과 직업 등에 따라 선호하는 가방 스타일이 다르겠지만 적어도 계절에 따라 여름용과 겨울용으로, 용도에 따라 정장용과 캐주얼용은 기본으로 갖추고 적절하게 매치시켜야 한다.

내 키와 맞는가?

가방의 크기·형태·재료는 유행에 따르더라도, 키가 큰 사람이 너무 작은 가방을 들거나 키가 작은 사람이 너무 큰 가방을 드는 것은 피해야 한다.

의상이나 소품과 어떻게 조화시킬 것인가?

가방은 구두나 스타킹처럼 신체에 밀착되지 않고 일정 정도 분리되어 있으므로 옷의 색상과 반드시 같을 필요는 없다. 의상과 다른 소품을 유사한 색상으로 조화시켰다면 다른 색의 가방으로 좀 튀는 느낌을 줘도 좋고, 더 나아가 정반대되는 색상으로 대비해도 된다.

용도에 맞는가?

날마다 사용하는 물건을 넣어 다니기에는 적당한 크기에 질이 좋은 검은색·갈색·베이지색 가방이 좋고, 큰 숄더백은 여행용이나 캐주얼 스타일에 잘 어울린다. 일반적으로 정장 스타일에는 망사·새틴·실크에 자수나 구슬로 장식한 것이나 에나멜 소재의 작고 우아한 디자인이 좋고, 캐주얼한 스타일에는 피혁·등나무·대나무·캔버스·나무·합성소재 등의 소재로 큼직하고 기능적이며 스포티한 느낌이 좋다. 가볍고 드레시한 차림에는 중간 크기의 핸드백이 좋고, 이브닝용으로는 실크·구슬·공단·벨벳 소재가 적당하며 의복과 같은 색상이거나 검은색이 무난하다. 단색의 베이지색·검은색·갈색·와인색 가방은 대부분의 옷과 잘 어울리므로 유용하다.

3) 좋은 곳으로 데려다 줘요, 구두

진짜 멋쟁이인지는 헤어스타일과 구두를 보면 알 수 있다는 말이 있다. 또 패셔니스타로 유명한 한 연예인은 구두를 '아가들…'이라고 부르며 구두에 대한 각별한 애정을 숨기지 않는다.

신발이란 애초에는 발을 보호하기 위해서 신었겠으나, 이제는 많은 여성이 발의 건강을 조금 해치는 것을 감수하면서라도 에지 있는 구두를 찾을 만큼 구두는 스타일의 완결점 역할을 하고 있다. 머리에서 시작한 스타일이 구두에서 마무리될 뿐 아니라, 다리 길이에서 시작해 몸의 전체 비례도 좌우하는 것이 바로 구두이기 때문이다.

여자라면 누구나 예쁜 컬러, 잘 빠진 라인, 적당한 긴장감을 주는 흔치 않은 '완벽한' 구두를 신고 외출할 때면 그 약속이 어떤 약속이든 약속 장소로 향하는 한 걸음 한 걸음이 뿌듯한 행복감 그 자체였던 경험이 있을 것이다. 그렇게 멋진 구두는 우리를 근사한 곳으로 데려다준다.

구두의 종류

펌프스 Pumps 끈이 없고 앞부분이 막힌 구두로, 가장 기본적인 형태의 힐이다. 구두의 기본 중의 기본으로 좋은 소재에 베이식한 디자인으로 자신의 발과 잘 맞는 실루엣과 사이즈를 찾아 갖춰 둬야 할 필수 아이템이다.

플랫 슈즈 Flat shoes 검은색의 기본 플랫은 실패할 확률이 없다. 거기에 다양한 원색, 재미있는 재질이나 패턴이 들어간 발레리나 플랫 슈즈도 갖춰 두면 활용도가 좋다. 플랫 슈즈는 앞코 모양에 따라 느낌이 달라지는데, 큰 버클이 달린 플랫은 A 라인 드레스에 잘 어울리고 앞코가 뾰족한 스타일은 펜슬 스커트나 H 라인 원피스 등 좀 더 포멀한 스타일에 어울리나, 발볼이 넓다면 피해야 한다. 약간 동그란 기본 플랫을 고를 때 발볼이 넓다면 발등이 보이는 부분이 적고, 앞코가 얄팍하게 빠진 디자인이 좋다.

드라이빙 슈즈 Driving shoes 말 그대로 운전할 때 신는 신발이지만, 스트레이트 진이나 치노 팬츠, 화이트 팬츠와 셔츠에 매치해 고급스러운 젯셋룩이나 아메리칸 스포티브룩을 완성할 수 있다.

앵클 부티 Ankle bootie 발목에서 잘린 디자인은 반드시 피해야 하고, 발가락 쪽으로 깊게 슬릿이 파진 디자인이 다리가 길고 늘씬해 보인다. 팬츠와 함께 신을 때는 같은 톤으로 고르고, 미니스커트에 신는다면 블랙 불투명 스타킹으로 다리를 길고 날씬하게 연출한다.

웨지 힐 Wedge heel　앞굽을 높여 뒷굽과 연결하기 때문에 안정감 있고 발도 편하지만, 굽이 무거우면 발목에 무리를 주고 발과 다리가 피곤해지므로 굽의 무게를 꼭 확인해야 한다. 둔탁해 보일 수 있으므로 가는 끈으로 연결한 스트랩 디자인이나 발목을 감아 올린 디자인이 좋다.

스틸레토 Stiletto　이탈리아어로 '단검'이라는 뜻으로 아찔하게 높아서 날 선 단도처럼 가늘고 높고 뾰족한 굽을 가진 구두를 말한다. 페레가모가 구두 굽에 금속 재질을 사용해 스파이크 힐보다 더 높고 뾰족한 굽을 만들어 냈다.

슬링백 Slingback　발꿈치 부분의 스트랩을 조절하면 발꿈치에 부담도 덜 가고 한층 가벼워 하이힐보다는 발이 편안하다.

오픈 토 슈즈 Open toe shoes　스커트와 팬츠 다 잘 어울리는 신발 같지만, 사이즈가 맞지 않으면 발가락이 삐져나올 수 있으니 주의해야 한다.

메리제인 슈즈 Mary jane shoes　정장 구두처럼 앞코가 동그랗고 발등을 가로지르는 스트랩이 하나 있는 귀여운 구두로, 소녀다운 느낌을 물씬 풍긴다.

뮬 Mule   슈즈의 뒤꿈치 부분이 없는 슬리퍼 형태를 말한다.

로퍼 Loafer   굽이 낮고 구두 앞부분이 발등을 덮는 심플한 스타일이다.

모카신 Moccasin   가죽 밑창이 앞코 위로 연결되어 앞부분에서 U자 모양을 이루며 실로 꿰맨 스타일이다.

앵클 스트랩 슈즈 Ankle strap shoes   앞코 모양이나 스타일과는 상관없이 발목 부분을 감싸는 스트랩이 있는 구두를 말한다. 발목에서 지지해 주는 요소가 있어 발이 편안하다.

T 스트랩 슈즈 T strap shoes   앵클 스트랩 슈즈에서 변형되어 발등 사이에 세로로 스트랩이 하나 더 들어간 구두다. 다리·발목·발등을 정확하게 분할하기 때문에 다리가 길고 가늘지 않으면 오히려 굵고 짧아 보인다. 스트랩이 발목 아래쪽에 놓인 것이 다리 선이 예뻐 보인다.

부츠 Boots   전통적인 스타일의 굽 없는 승마 부츠이건, 아슬아슬한 힐이 달린 부츠이건, 부츠와 어울리지 않는 가을·겨울 룩은 별로 없을 것이다. 그러니 가을과 겨울 내내 신을 수 있는 검은색 기본 부츠는 반드시 갖추자. 스키니 진이나 레깅스에 어울리는 디자인을 확인하고, 자신의 종아리 사이즈와 형태에 꼭 맞아 다리가 더 날씬하고 길어 보이는 부츠로 고르자. 굽이 너무 가는 것보다 어느 정도 굵기가 있는 것이 더 세련돼 보인다. 검정 부츠는 어떤 스타일과도 늘 잘 어울리지만, 갈색 부츠는 검은색보다는 제약이 있다. 진녹색 부츠는 세련된 분위기로 가을과 잘 어울린다.

Shoes styling, 구두 어떻게 코디할까?

- 구두는 스커트나 바지는 물론 스타킹이나 양말 색과도 어울려야 한다. 검은색·회색·남색 계열의 정장에는 검정 구두를, 갈색·베이지색 계열 정장에는 갈색 구두를 신는다.

- 여성의 비즈니스 구두로는 굽이 적당히 높아서 걸을 때 세련미가 넘치는 단색 펌프스가 좋다.

- 끈 달린 샌들, 발이 너무 많이 보이는 구두는 정장용으로 적당하지 않다.

- 구두 컬러는 의상 컬러와 비슷하거나 진한 색이 안정감 있어 보이고, 블랙·브라운·베이지 계열은 어떤 의복과도 잘 어울리기 때문에 기본으로 갖추어 두는 것이 좋다.

- 뾰족한 하이힐은 굵은 다리는 더 굵어 보이고, 키가 작고 마른 사람은 더 말라 보이는 등 불안정해 보이므로 중간 정도 굵기의 굽을 선택한다.

- 발목이 굵은 사람은 발목에 끈으로 묶는 형태의 구두가 어울리지 않는다. 발등이 시원하게 파져 있고 구두 앞코 부분에 장식이 있어 시선이 발목 쪽으로 향하지 않는 디자인을 고른다.

- 다리가 굵은 사람은 되도록 발등을 감싸 주는 스타일이나 끝을

묶는 스타일의 심플한 단화가 좋으며, 종아리까지 오는 미들 부츠는 피한다.

• 옷과 전혀 다른 색의 구두를 신을 때는 지갑, 벨트, 스카프 등으로 그 색을 한 번 더 되풀이해 주면 자연스럽다.

4) 시선을 내게로, 모자와 헤어밴드

모자와 헤어밴드는 얼굴과 가까운, 그중에서도 머리 위에 얹히기 때문에 그 어떤 아이템보다 눈에 띄며 그만큼 스타일과 인상에 큰 영향을 미친다. 또한, 동서양을 막론하고 제대로 된 성장에는 모자가 빠지지 않았을 만큼 다른 어떤 아이템보다 장식적이며 스타일에 관해 많은 이야기를 담고 있기도 하다. 물론 햇빛과 추위를 막기 위한 기능성에서 시작되었지만, 모자와 헤어밴드의 진정한 기능은 스타일을 완성시키는 것이다.

모자

모자는 자신의 얼굴형에 잘 어울리는 것도 중요하지만, 그날의 전체 스타일과 얼마나 잘 어울리는지가 더 중요하다. 보통 모자를 쓰고 얼굴이나 헤어스타일과 어울리는지 간단히 손거울로 확인하는데, 반드시 전신 거울로 전체 스타일을 살펴야 한다. 모자를 구매할 때도 역시 '이 모자로 어떤 스타일을 연출할 것인지'를 먼저 따져보아야 한다.

모자의 종류

베레 Bere   화이트 셔츠에 청바지를 입고 진주 목걸이를 하고 베레를 쓰면 완벽한 파리지엔이 된다. 니트 소재라면 록 스타일 티셔츠나 빈티지 체크 셔츠와 잘 어울릴 뿐 아니라, 트렌디한 선글라스를 더하면 '캐주얼 시크' 스타일을 연출할 수 있다. 이때 오버 사이즈 선글라스로 니트 베레의 볼륨과 균형을 맞추자.

보울러 햇 Bowler hat   페도라와 비슷해 보이지만 머리와 챙 부분이 동그랗게 잡혀 있으며, 매혹적인 이브닝 스타일부터 톰보이 스타일까지 센스 있게 어울린다. 동그란 부분이 눌리지 않도록 머리 위에 살짝 얹어 주는 것이 중요하다.

빈티지 장식 모자 Vintage   특별한 파티나 모임이 있을 때 아주 유용하다. 평범한 리틀 블랙 드레스라도 단번에 특별한 날 어울리는 개성 만점 파티룩으로 변화시킨다.

뉴스보이 캡 Newsboy cap   다른 어떤 모자보다 얼굴이 작아야 어울린다. 섹시한 톰보이룩부터 패셔너블한 매니시룩까지 그 모든 스타일을 빛내 주는 멋진 아이템이다.

비니 Beanie   머리에 딱 달라붙는 타이트한 스타일의 비니보다는 도톰한 니트 소재에 볼륨 있는 비니를 고르자. 이런 비니를 깊게 눌러 쓰면 얼굴이 작아 보이는 효과도 얻을 수 있다. 눈썹 바로 위까지 내려 쓰거나, 앞머리를 올리고 쓰거나, 머리 위에 살짝 얹어 쓰거나, 머리카락을 늘어뜨리는 정도와 앞머리 연출법 등에 따라 천만 가지의 느낌을 연출할 수 있다.

운동 모자 Sports cap   종류도 많고 인기도 많은 모자로 얼굴형에 구애받지 않아 누구나 부담 없이 쓸 수 있다. 어디에나 잘 어울리기 때문에 코디가 비교적 쉽지만, 전반적으로 활동적인 스타일에 잘 어울린다.

Hat or Cap styling, 모자 어떻게 코디할까?

얼굴 크기와 키를 고려했는가?

챙이 큰 모자는 키를 작아 보이게 하기 때문에 키가 커 보이려면 크라운이 높은 모자를 선택한다. 그러나 모자챙이 작을수록 얼굴이 커 보이므로 얼굴이 작아 보이고 싶으면 챙이 넓은 모자가 좋으니 키와 얼굴 크기와 모자챙의 크기를 함께 고려해야 한다. 모자 높이는 얼굴 길이를 초과하지 않도록 한다.

얼굴형과 어울리는가?

계란형은 챙에 테두리가 없거나 중간 폭 정도가 좋고, 턱에 각이 진 얼굴은 산이 풍성하고 넓이가 적당한 챙 모자가 좋으며, 베레모는 금물이다. 길고 야윈 얼굴은 챙이 너무 넓지 않은 모자가 좋고, 베레모라면 앞으로 눌러 쓰거나 비스듬히 써야 결점이 보완된다. 둥근 얼굴은 얼굴을 가리지 않게 완전히 뒤로 젖혀 쓰는 모자를 고른다.

전체 스타일과 어떻게 조화시킬 것인가?

모자는 그 자체로 이미 충분히 눈에 띄기 때문에 화장은 평소보다 연하게 하고, 화려하거나 복잡한 귀고리나 목걸이 역시 피하는 것이 더 세련돼 보인다. 마찬가지로 헤어스타일도 단정한 게 보기 좋다.

헤어밴드

흔히 헤어밴드라고 하는 것은 머리끈이고, 진짜 '헤어밴드'는 머리띠를 말한다. 헤어밴드는 천연 실크나 가죽에 가까운 고급 소재가 좋다. 천 소재의 넓은 헤어밴드는 세련된 복고풍을 만들어 주며, 블랙 헤어밴드는 과하지 않은 60년대 스타일을 연출할 수 있다.

두꺼운 헤어밴드에는 오버사이즈 선글라스나 보잉 선글라스, 킬 힐처럼 에지 있는 아이템을 함께 매치하는 게 좋다. 주얼리 밴드는 웨이브 헤어스타일을 더욱 빛내 주며, 스카프 밴드는 히피 스타일이나 캐주얼 스타일을 업그레이드해 준다.

5) 몸의 비례를 바꾸는 마법, 벨트

신체 비례에서 가장 큰 역할을 하는 것은 다리 길이이며, 이 다리 길이를 시각적으로 가늠하게 만드는 것이 바로 허리선이다. 그러므로 허리에 매는 벨트의 크기와 두께, 디자인, 또 벨트를 매는 위치에 따라 다리 길이에 대한 착시 효과를 만들어 낼 수 있다.

또한, 허리선을 어느 위치에서 어느 정도 조이느냐에 따라 몸의 볼륨감이 달라지므로 벨트는 신체의 비례와 실루엣 정리에 가장 큰 역할을 하는 아이템이라고 할 수 있다.

벨트의 종류

내로 벨트 Narrow belt　1~2cm 정도의 아주 가는 폭의 벨트로 주로 배기팬츠 액세서리로 사용한다.

로-슬링 벨트 Low-sling belt　허리 아래쪽에 느슨하게 매는 벨트로 주로 폭이 넓은 가죽이나 에나멜에 커다란 메탈 소재의 버클이 달린 두툼한 스타일이 많다.

메시 벨트 Mesh belt　금속·가죽·직물로 만들어진 벨트를 말한다.

빅 벨트 Big belt　폭이 10cm 이상인 벨트로 소재는 가죽이나 에나멜처럼 인공적인 느낌의 것이 많다. 키가 작은 사람은 피하는 게 좋다.

보우 벨트 Bow belt　가죽 끈이나 벨벳 등의 소재를 나비나 리본 모양으로 묶는 벨트로 귀엽고 사랑스러운 분위기를 연출한다.

신치 벨트 Cinch belt　네모나 원형의 커다란 신치 버클이 달린 폭이 넓고 튼튼한 벨트를 말한다. 허리가 가는 사람이 착용하면 글래머러스해 보인다.

콘튜어 벨트 Contour belt　신체 곡선에 따라 만들어진 벨트로, 우아하고 세련된 감각을 표현하는 데 좋다.

프린지 벨트 Fringe belt　벨트 라인에 술이 달린 히피 스타일의 벨트로 걸을 때마다 찰랑거리는 율동감을 준다.

힙본 벨트 Hipbone belt　슬렁 벨트의 하나로 커다란 쇠붙이 버클을 단 두툼한 것으로 미니스커트나 힙본 팬츠와 잘 어울린다.

Belt & Shape, 벨트로 하는 체형 성형

- 넓은 벨트는 상체를 짧아 보이게 하고, 헐렁한 벨트는 몸을 길어 보이게 한다.
- 상의와 같은 색의 벨트는 상체를 길어 보이게 하고, 하의와 같은 색의 벨트는 다리를 길어 보이게 한다.
- 키가 작은 사람이 벨트를 하면 더 작아 보이기 때문에 키가 작을 수록 벨트의 폭이 좁은 것이 좋다.
- 일자형 몸매는 볼륨감 있는 원피스에 톤온톤 컬러의 체인 벨트를

매치하면 글래머러스하게 연출할 수 있다.

- 상의와 하의를 분리하면 배를 커버하는 데 효과적이므로 배가 나온 체형은 풍성한 상의에 상의 컬러와 보색인 벨트를 매치한다.
- 허리가 굵으면 얇은 스트링이 여러 겹 있는 벨트를 여유 있게 맨다.

Belt styling, 벨트 어떻게 코디할까?

- 정장용과 캐주얼용으로 구별한다. 정장용으로는 검정 가죽 벨트가 대표적이며, 감색 가죽도 정장용으로 좋다. 꼬아서 만든 가죽 벨트나 헝겊 벨트는 캐주얼에 어울리며, 부드러운 스웨이드 벨트는 감성적인 분위기를 내므로 정장과 캐주얼 모두 어울린다.
- 정장용으로는 너무 눈에 띄는 금속 버클은 피하고, 지나치게 번쩍거리거나 너무 큰 버클 역시 경박스러운 느낌을 주므로 테두리만 금속인 것이 좋다. 리본형 벨트나 모조 보석 버클, 보석이 박힌 금속 버클은 드레시한 스타일에 어울리며, 금색이 은색보다 정장에 더 잘 어울린다.
- 오래된 옷에 새로운 소재의 벨트를 매치하면 색다른 멋을 연출할 수 있다.
- 봄·여름에는 주로 시원한 느낌의 화이트 계통 에나멜이나 플라스틱, 가을·겨울에는 따뜻한 이미지의 브라운, 블랙 색상의 가죽, 모피류가 좋다.

6) 옷 위에 스타일을 그리는 스카프

통칭해서 스카프는 다른 패션 소품처럼 기존 스타일을 보완·강조하는 차원이 아니라, 기존 스타일의 일부를 지우거나 혹은 새로운 그림을 그리는 아주 강력한 힘을 가지고 있는 아이템이다. 과하게 화려한 옷에 은은한 스카프를 두르거나, 밋밋한 옷에 화려한 스카프를 매치하는 경우를 떠올리면 쉽게 이해될 것이다.

스카프는 매치하는 옷과 매는 방법에 따라 가지고 있는 옷의 가짓수를 곱하기 몇 배로 늘려 주는 효과를 가지고 있기 때문에 스타일이 다른 것으로 여러 개 갖추면 아주 유용하게 쓰인다. 또한, 매는 방법이나 컬러 매치에 따라 얼굴은 더 작아 보이게, 몸은 더 날씬해 보이게, 키는 더 커 보이게 할 수도 있으니 기본적인 묶는 법을 익히고, 스카프의 모양이나 패턴과 패브릭 등에 변화를 주면 다양한 이미지를 연출할 수 있다. 스카프는 브랜드를 떠나 미끄러질 듯 매끄러우며 손으로 쥐었다가 폈을 때 바로 회복되는 것이 좋다.

스카프의 종류

미니 스카프　손수건 정도의 크기로 셔츠·재킷·원피스 등과 함께 매치하면 귀엽고 깜찍하다.

사각 스카프　일반적으로 가장 많이 사용하는 스카프로 매는 방법에 따라 천만 가지 분위기를 연출할 수 있다.

롱 스카프 폭이 좁고 길이가 긴 스카프로 성숙한 이미지를 표현해 주는데, 특히 움직이거나 바람에 흔들리는 스카프 끝자락이 여성스러움을 더해 준다.

대형 스카프 겉옷으로 사용할 정도로 크고 넓은 스카프. 반으로 접어 허리에 두르면 스커트가 되고, 목과 허리 뒤에서 매듭을 지으면 상체의 앞부분을 전혀 다른 옷으로 만든다.

네크웨어(Neck-ware) 종류

머플러 Muffler 스카프나 스톨과 같은 의미로 목에 두르는 것을 말하는데, 특히 방한용으로 쓰이는 것을 지칭한다.

스톨 Stole 길이가 길고 폭이 좁은 어깨걸이로 양쪽 끝에 술 장식을 달기도 한다. 이브닝드레스와 매치하는 화려한 것뿐 아니라 여름철에 어깨에 걸칠 수 있는 실용적인 것까지 다양하다.

숄 Shawl 어깨 덮개로 직사각형·정사각형·타원형 등이 있다.

초커 Choker 목에 붙여 감는 짧은 목도리나 장식용 밴드를 말한다.

네커치프 Neckerchief 수건 크기의 장식적인 목도리로 패턴이 없거나 혹은 정방형의 패턴이 있으며, 실크나 면 제품이 많다.

Scarf styling, 스카프 어떻게 코디할까?

- 의복과 같은 색과 질감을 선택하면 무난하며, 여러 색의 무늬가 있을 때는 그 가운데 한 가지 색을 선택하여 스카프 색으로 정하는 것이 좋다.

- 의상과 대조되는 색이나 밝은색의 스카프로 포인트를 주어도 좋다.

- 겉옷이 두툼하면 너무 얇고 비치는 스카프는 피한다. 마찬가지로 얇은 겉옷에 두툼한 스카프 역시 바람직하지 않다.

- 넓게 접어 머리띠처럼 두르거나 클래식 백 손잡이에 묶거나 또는 좁게 접어 벨트 대신 매면 멋스럽다.

- 목선에서 여러 번 돌려 풍성하게 연출하면 얼굴이 작아 보이지만, 목이 짧거나 턱이 발달한 얼굴형에는 오히려 역효과를 낼 수 있다.

- 스포티한 의상에는 체크무늬가, 드레시한 의상에는 물방울무늬가 좋다.

- 키가 작은 사람은 길고 가는 스톨을 착용하면 수직적인 효과로 키가 커 보인다.

- 키가 큰데 스카프를 너무 짧게 매면 밸런스가 깨져 스타일이 엉성해 보일 수도 있으며, 키가 작은데 스카프를 길게 늘어뜨리면 더 작아 보인다.

- 볼륨감이 적고 팬츠와 같은 계열 컬러의 스카프를 길게 늘어뜨리고 힐을 신으면 키가 커 보인다.

그 외의 패션 친구들

매끈하거나 섹시하거나, 스타킹

가장 여성적인 패션 아이템을 고르라고 하면 스타킹이 아닐까? 스타킹은 스커트나 발등이 보이는 팬츠를 입고 구두를 신었을 때, 맨살을 그대로 내보이지 않게 함으로써 '제대로' 차려입지 않았다는 비난을 막아 주는 실용성뿐 아니라, 균일하고 타이트한 스타킹의 질감으로 매끈하고 탄력 있는 각선미를 연출해 주는 기특한 아이템이다. 또한, 다양한 컬러와 무늬 혹은 과감한 망사와 레이스 스타킹은 그 어떤 장치보다 더 강력한 여성성으로 섹시함을 만들어 내기도 한다. 여자만의 전유물 스타킹으로 매끈한 우아함과 도발적인 섹시함을 연출해 보자.

스타킹의 종류

얇은 투명 스타킹   오피스룩에 꼭 필요하고 가장 잘 어울리는 아이템으로, 팬티스타킹이 기본이다.

솔기가 있는 반투명 스타킹   손으로 직접 꿰맨 솔기로 업그레이드된 뒷모습은 여자의 각선미와 함께 자존심까지 세워 준다. 특별해지고 싶은 날에는 이 스타킹에 펜슬 스커트를 입어 보자.

블랙 불투명 스타킹 블랙 슈즈와 매치하면 다리가 더 길어 보이고, 화이트·레드·그린·블루 등 밝은색의 미니 원피스와 매치하면 강렬한 대비 효과로 역시나 다리가 길어 보인다. 아주 두꺼운 타이즈는 팬츠처럼 롱 니트나 롱 셔츠와 매치하고, 와이드 벨트로 허리에 긴장감을 더하고 롱부츠를 신으면 멋지다.

블랙 투명 스타킹 어느 방향으로든 똑같이 늘어나는 질 좋은 제품을 골라야지, 그렇지 않으면 종아리가 울룩불룩 늘어져 보인다.

피시 넷 스타킹 작은 그물 모양의 최대한 어두운 컬러가 좋다. 무릎길이의 스커트와 매치하면 섹시하면서도 지적으로 연출할 수 있다.

크로셰 스타킹 복고풍 스타일의 손뜨개 느낌의 스타킹. 어두운 자줏빛, 올리브, 브라운, 검은색 등 최대한 톤이 다운된 컬러가 좋다.

프린트 스타킹 컬러가 어두워 칙칙해질 수 있는 드레스나 스커트의 느낌을 확 살려 주는 스타킹. 헤링본이나 작은 다이아몬드 모양은 매일 신어도 무난한 아이템이다.

화장 이전의 메이크업,
안경과 선글라스

텔레비전을 보면 가끔 연예인들을 공항이나 집앞에서 깜짝 촬영하는 경우가 있는데, 이때 100이면 99는 선글라스를 쓰고 있다. 마치 약속이라도 한 듯이. 또 시력과 상관없이 언제나 안경을 쓰고 촬영하는 연예인도 있다. 이들을 볼 때면 '안경도 얼굴이다'라는 한 안경회사 광고 문구가 완전한 허구가 아니라는 것을 인정하게 된다.

얼굴, 그것도 인상을 좌우하는 눈에 직접 착용하는 안경과 선글라스는 이처럼 메이크업 이전에 얼굴의 인상을 만들어 주는 가장 강력한 도구이다. 그러나 안경과 선글라스를 꼭 눈에만 착용하는 것이라고 생각하는 것은 아주 '단세포'적이다. 안경과 선글라스는 그 이질적인 질감과 용도로 도리어 훨씬 다양한 패션 소품 역할을 하기도 한다.

안경과 선글라스는 어떻게 코디할까?

두건이나 모자 위에 쓰기   두건으로 머리를 깔끔하게 감싸고 어울리는 컬러의 안경을 착용하면 발랄하고 산뜻한 분위기를 연출할 수 있다. 선글라스는 야구모자·밀짚모자·털모자 등 어떤 모자와도 잘 어울린다.

뒤로 쓰기   색깔 있는 안경을 뒤로 써서 뒷모습에 포인트를 준다.

헤어밴드로 쓰기   선글라스나 고글 같은 스타일을 머리에 꽂는 방식으로 헤어밴드보다 세련되어 보인다.

일반적인 스타일   네크라인에 꽂기만 해도 자유로운 분위기가 연출된다. 이때 목걸이를 함께 착용하면 산만해 보일 수 있으니 피한다. 셔츠 주머니나 바지벨트 고리에 걸어도 멋지다.

4. FASHION, 나를 말하다 Speak of Me

명함보다 빠른 패션

내가 누구인지 말해 주는 것은 이름과 주민등록증만이 아니다. 어쩌면 이런 것들보다 내가 누구인지 가장 많은 이야기를 해 주는 것은 '내가 하고 있는 일'일 것이다. 내가 누구인지 말해 주는 것이 일이라면, 내가 무슨 일을 하고 있는지를 말해 주는 것이 바로 스타일이 아닐까?

일에 대한 완벽한 몰입을 보여 주는 것 가운데 하나가 바로 스타일이다. 여성 경영자들 가운데 슈트를 입을 줄 모르는 경우가 없으며, 치렁치렁 하늘거리는 로맨틱룩의 상담원을 경험한 적도 없을 것이다. 차림만 보아도 그 사람이 어떤 일을 하는지 바로 짐작할 수 있다.

잘 가꾸고 옷 잘 입는 사람들이 일도 잘한다고 한다. 그만큼 자신이 하는 일에 집중하고 자기 관리를 잘하고 있다는 방증이기도 하기 때문이다. 나를 글로 설명하는 명함보다 먼저 스타일이 말하게 하라.

사무직, 자신감을 입다

의상　격식을 갖추면서도 튀지 않는 자연스러운 스타일을 구현한다. 베이지, 그레이, 네이비를 기본으로 하며, 블랙은 도리어 딱딱한 느낌을 준다. 피팅과 소재가 좋은 재킷과 화이트 셔츠를 깔끔하게 차려 입으면 긴장감으로 업무 집중력이 높아질 수 있다. 늘어지는 니트웨어나 지나치게 여성스런 블라우스는 피하며, 액세서리는 눈에 띄지 않게 목걸이와 반지, 귀고리와 팔찌처럼 두 점으로 한정하는 게 좋다.

메이크업 목 색상과 비슷한 세미 매트 타입 파운데이션에 하이라이터는 생략하거나 펄감이 가벼운 것을 사용한다. 눈 화장은 브라운이나 베이지를 바탕색으로 매트하고 탁한 오렌지, 핑크, 블루 등 중간 계열 컬러를 포인트로 바른 후 짙은 브라운 섀도나 젤 타입 라이너로 위 속눈썹 라인만 강조한다. 립라인은 분명하게 하고, 립글로스보다 립스틱을 바른다.

헤어 어깨길이의 굵은 웨이브나 아래로 내려 묶은 포니테일이 좋다.

세일즈직, 신뢰를 스타일하다

의상 강하고 신뢰가 가는 이미지를 구현하기 위해 색감이나 질감보다 명암과 선을 강조해 단순함과 강렬함을 표현한다. 자신감 있어 보이는 빨강, 파랑, 노랑 등 원색의 깔끔한 정장풍이 좋다. 제대로 슈트를 입을 필요는 없지만, 한 군데라도 정리된 느낌을 주는 게 좋다. 하늘하늘한 레이스 장식이나 늘어지는 히피풍의 스타일은 피하라. 시계와 구두는 깔끔하게 관리한다.

메이크업 파운데이션과 파우더로 매트하고 깔끔한 피부를 연출하고 이마, 콧날, 광대뼈 앞부분에 하이라이트를 주어 또렷한 윤곽을 만든다. 눈썹은 직선으로 올라갔다 눈동자 뒤에서 날렵하게 꺾이는 힘찬 느낌으로 그리고 눈 화장은 색감을 배제하고 아이라인만 강조한다. 눈꼬리와 입꼬리는 살짝 올려 그려 밝은 인상을 만들어 주고, 선명하고 붉은 립스틱으로 자신감과 활동성을 표현한다.

헤어　단발머리나 앞머리를 깔끔하게 넘긴 포니테일, 정수리를 살린 쇼트 커트에 고정력 좋은 스타일링제로 마무리한다.

서비스직, 행복을 스타일하다

의상　누구라도 마음 놓을 수 있을 것 같은 환하고 빛나는 이미지를 구현한다. 파스텔 톤과 중간 계열 위주로 여성스럽고 편안한 느낌을 강조한다. 라인이 남성적인 셔츠보다 소매가 약간 솟아 오른 퍼프 소매 블라우스가, 재킷보다 니트 카디건이 좋다. 액세서리 역시 과하지 않게 작은 펜던트가 달랑거리는 체인 목걸이나 페이스가 작은 주얼리 시계, 딱 달라붙는 귀고리가 좋다.

메이크업　밝은 핑크 톤의 파운데이션을 바르고, 이마와 뺨 앞부분에 넓게 하이라이터를 바른다. 핑크나 복숭아색 블러셔로 뺨 앞부분에 가로나 동그란 모양으로 바르고 눈썹은 숱을 살려 둥글고 부드러운 갈매기형으로 그린다. 아이섀도는 핑크, 민트 그린, 파스텔 블루 등 파스텔 톤으로 그리고 아이라인 대신 속눈썹을 최대한 풍성하게 표현한다. 입술은 핑크, 산호색, 따뜻한 베이지 계통의 립글로스로 둥글고 볼륨감 있게 바른다.

헤어　가벼운 샤기 커트에 웨이브가 있는 헤어스타일이 좋다.

자유직, 나를 디자인하다

의상 가장 스타일리시하며 자기다운 스타일을 구현한다. 다른 사람들의 스타일은 흉내 내지 말자.

메이크업 눈과 입 가운데 한 부분에 강한 포인트를 주고, 네일 케어나 향수로 개성을 강조한다. 피부는 물광 메이크업이나 매트한 스타일로 표현한다. 또한, 스모키 메이크업은 자유직의 특권으로, 아이라인만 강조하거나 컬러풀한 아이섀도와 펄 등을 이용해도 좋다. 입술은 레드 립이나 립라인보다 색감을 강조하는 것이 좋으며 블러셔는 크림 타입이 좋다.

헤어 트렌디하면서도 개성 있게, 그러면서도 상황에 따라 변화를 준다. 좌우 비대칭 커트나 엑스트라 롱헤어, 완벽한 일자 뱅 등도 시도해 볼 만하다.

패션으로 빛나는 나이

나이는 숫자에 불과하지만 몸의 나이는 속일 수 없는 것 또한 현실이다. 스스로를 나이보다 젊고 아름답게 가꾸는 것은 칭찬받을 만한 일이고, 또한 드러내고 자랑할 만한 일이다. 그러나 그것도 '정도껏'일 때 아름답다. 가끔 미니스커트를 입은 여자의 늘씬한 뒷모습에 감탄하다가, 우연히 돌아본 그 여자의 얼굴을 보고는 스타일에 비해 너무 나이 들어 보여 '추하다'며 미간을 찌푸린 경험이 있을 것이다. 나이보다 젊고 아름답게 보이도록 스타일해야 하지만 포인트는 '나이보다 아주 약간 어리게'이다.

Underwear, 속옷에도 나이가 있을까?

아름다운 그대, 스타일을 입자, 20대

20대는 유려한 곡선과 탄력적인 근육으로 체형이 가장 아름다운 때다. 지방보다 근육이 더 많아 가슴이 심하게 처진다거나 엉덩이가 퍼지는 일은 거의 없으니 다양한 속옷을 마음껏 입어 보자. 귀여운 스타일부터 화려한 이미지나 베이직하면서도 어른스러운 속옷도 좋다.

흔들리는 기초를 잡아 주자, 30대

30대에 접어들면 지방이 축적되고, 또 많은 경우 임신, 출산, 수유로 가슴 근육이 풀리며 급격한 변화를 맞게 된다. 이때 체형 보정 속옷으로 지방을 올바른 위치로 분배하면 아름다운 라인을 만들 수 있다.

건강한 것이 아름다운 것이다, 40~50대

40대 이후에는 조여 주는 느낌이 아니라 조금 넉넉한 착용감의 속옷으로 혈액순환이나 심장 기능에 무리가 생기지 않도록 해야 한다. 이때 몰드컵 브라의 올인원으로 가슴, 허리, 엉덩이를 전체적으로 보정해 주는 것도 좋다.

20대 빈틈없는 토털룩보다는 믹스 앤 매치를 시도해 보자. 또 목덜미나 어깨, 다리 등 한 군데는 노출하자. 스커트의 경우 특별한 이유가 없는 한 무릎 아래부터 발목 사이의 어정쩡한 길이는 피한다. 만약 너무 성숙한 스타일로 입었다면 목걸이나 모자, 안경 등은 깜찍하고 유니크한 디자인을 선택한다.

30대 무릎 위로 올라가는 길이의 스커트는 피한다. 상의를 노출하고 하의를 보수적으로 입는 것이 더 섹시하다. 트레이닝복, 야구모자, 그래픽 티셔츠 등은 20대와 달리 점잖은 색과 디자인으로 바꾼다. 셔츠 원피스나 저지 튜닉 등 긴 상의에 블랙이나 그레이, 브라운 등 차분한 색의 레깅스를 매치하면 멋지다. 칵테일 링이나 샹들리에 귀고리 등 볼드한 액세서리도 좋다.

40대 하이 주얼리가 제대로 빛을 낸다. 늘어지는 것보다 고급스럽지만 클래식한 디자인의 가방이 어울린다. 너무 귀엽지 않은 플랫 슈즈나 헤어밴드로 젊어 보이게 연출할 수 있다. 나이와 함께 불어난 팔뚝과 뱃살을 커버하는 데는 티셔츠나 카디건보다 실루엣이 좋은 재킷과 블라우스가 좋다.

50대 피부와 모발 톤이 많이 바래기 때문에 너무 선명한 색보다는 베이지나 아이보리가 가미된 파스텔 계열이 더 어울리며, 보석 역시 진주, 산호, 오팔 등 따뜻한 보석이 어울린다. 드레스에 재킷을 걸치고, 목덜미를 좁고 길게 노출하는 랩 드레스, 칠부 소매 톱 등으로 노출 부위를 최소화한다. 화려한 자수로 장식된 소재로 실루엣의 약점을 커버하는 게 좋고, 원피스보다 투피스가 체형 커버에 좋다.

사랑스러운 낮, 화려한 밤

활동 영역이 넓어지면서 낮뿐 아니라 저녁과 밤의 모임도 많아지고 이에 따라 낮과 밤의 스타일을 달리해야 하는 경우도 많아진다. 목까지 채우는 블라우스를 파티 때도 입는다면 답답하고 촌스러워 보일 수가 있고, 마찬가지로 회사에서 온통 반짝이가 달린 미니 원피스를 입을 수는 없다. 옷을 갈아입기 애매할 때는 재킷이나 카디건 등을 덧입은 후 저녁 모임에서는 외투를 벗고 화려한 액세서리와 스카프 등을 더 하는 방법을 써 보자.

데이 웨어 노출이 적은 셔츠나 블라우스, 매트한 소재의 심플한 원피스, 다양한 데님, 매트한 소재의 재킷이나 카디건, 남성적인 라인의 바지, 진한 색 스타킹, 숄더백이나 토트백, 로퍼, 운동화, 발등이 많이 덮인 샌들이 좋다.

데이 드레스 출근 시간, 상하의를 매치시키기 어려울 때를 대비해 옷장에 두 벌 정도의 데이 드레스를 갖춰 두자. 입기에는 간단하지만 보는 이들은 옷차림에 공들였다고 생각한다. 날씨가 추워지면 타이즈나 스타킹을 신어 다채로운 분위기를 연출할 수 있고, 여름에는 심플한 가죽 샌들이나 플랫 슈즈만으로도 멋지다. 데이 드레스로 저녁 모임에 나갈 때는 액세서리를 이용해 분위기를 바꿀 수도 있지만 가슴라인을 이용할 수도 있다. 낮에는 드레스 안에 캐미솔을 갖춰 입었다가 저녁에 캐미솔을 벗고 약간의 노출을 시도하면 분위기에 변화를 줄 수도 있다.

이브닝 웨어 가슴이 깊게 파인 재킷이나 톱, 몸매를 드러내는 발목 길이의 드레스, 보석이 달린 스트랩 슈즈나 하이힐 펌프스, 샹들리에 귀고리, 크리스탈이나 실크 소재의 작은 클러치나 이브닝 백, 다이아몬드나 보석 소재의 귀고리와 목걸이로 우아하면서도 섹시한 이미지를 연출할 수 있다.

칵테일 파티 단연 블랙 미니 드레스다. 멋진 턱시도 바지에 탱크 톱을 입어도 멋지다. 무릎길이의 실크 소재 원피스, 핸드백 크기의 화려하지 않은 클러치, 칵테일 링, 금이나 은 체인 목걸이, 발등을 약간 덮는 미들힐 구두, 금속 소재 뱅글이 좋다.

Style Must Go On 보온용 슈트, 조깅 슈트, 트레이닝 슈트의 편안함을 즐기고 싶을 때, 관건은 낮잠 잘 때나 운동하러 갈 때 입는 옷처럼 보이지 않는 편안한 운동복 스타일을 찾는 것이다. 겨울이라면 캐시미어 바지에 모든 옷과 잘 어울리는 카디건이나 스웨터 코트를, 보송보송한 하얀 티셔츠에 검은색 카프리 팬츠를 입고 카디건을 걸친 다음 스키머 플랫 슈즈, 또는 진회색 V 네크라인 스웨터에 검정 바지나 어두운 진 바지를 매치해 보자. 날씨가 따뜻할 때는 타이트한 티에 린넨 바지를 입어 산뜻한 이미지를 만들 수 있다.

personal color

개운(開運),
운을 열어주는
남성 이미지 메이킹

품격 있는 남자가 성공한다
호감적인 남성 이미지 스타일

개운(開運), 운을 열어주는 남성 이미지 메이킹

Gentleman

1. 품격 있는 남자가 성공한다

1) 남성복의 최고, 슈트

남자를 가장 권위 있고 기품 있게 완성하는 남성복 중에서 단연 최고의 아이템이다. 어깨부터 허리까지 슬림하게 떨어지는 곡선, 여기서 느껴지는 차가움과 날카로움 그리고 지적인 느낌, 여자들이 포기할 수 없는 목록에 킬힐을 뒀다면, 남자들에게는 슈트가 바로 그러하다.

슈트는 일반적으로 몸의 곡선을 자연스럽게 살린 슬리핏과 편안함을 추구해 품이 넉넉한 일반 핏으로 나눌 수 있다. 무엇보다도 결정적인 요인은 슈트가 그 사람의 신분과 능력, 생각을 반영하기 때문이다.

슈트의 원조 격인 영국 스타일과 세련된 이탈리아 스타일이 슬림핏이라면, 미국형 슈트는 다소 투박한 박스 모양에 가깝다. 영국형과 이탈리형 스타일은 모두 허리선이 들어가고 날씬해 보이는데, 영국 슈트는 몸에 딱 맞게 제작되어 어깨 패드로 어깨를 강조하고, 어깨와 가슴이 발달되어 보여서 마치 군복처럼 권위적이면서 남성적으로 느껴지는 차이가 있다. 반면, 이탈리아 슈트는 가장 모던한 슈트 스타일로, 현대 슈트를 대표한다고 할 수 있다.

우리나라에서도 가장 인기 있는 슈트 모양이며 한국 남자에게도 잘 어울린다. 날렵하고 슬림한 곡선을 잘 살린 스타일이기 때문에 몸의 실루엣을 아름답게 나타내면서 남자의 부드러움을 나타낼 수 있다. 또한, 실용적이고 어깨가 넓으며, 박스형으로 제작된 미국용 슈트는 어떠한 체형이나 어울리고 활동이 편하다는 장점이 있지만, 벙벙한 핏 때문에 자칫 아저씨처럼 보일 수 있다. 이 세 가지 스타일은 클래식 슈트를 나누는 방법인데, 요즘 젊은 층은 완벽한 클래스틱 슈트보다 캐주얼 슈트를 좀 더 선호하는 편이다.

하지만 클래스틱 슈트만의 젠틀한 매력은 변하지 않기 때문에 여전히 슈트를 아는 남자들로부터 꾸준히 사랑받는 아이템이기도 하다.

거울 앞에 슈트를 입는 순간 저절로 어깨가 펴지는 것을 느낀 적이 있을 것이다. 또한, 턱을 당기고 허리를 바르게 편 뒤, 거울에 비친 모습을 여유롭게 바라보곤 자신의 모습이 멋지다고 생각한 적이 있지 않은가? 슈트를 입은 남자의 몸은 적당히 긴장하게 되어 이렇게 바른 자세를 유지하게 된다.

무엇보다도 비즈니스맨에게 슈트는 또 하나의 전략이 될 수 있다. 전략상 적절히 잘 고른 슈트를 통해 자신이 원하는 이미지를 상대방에게 충분히 어필할 수 있는 것이다. 깔끔하고 차분하게 은근히 돋보이지만 상사보다는 튀지 않게 프로페셔널하게 보이면서 여유를 잃지 않는 능력남은 보이지 않는 부분까지 컨트롤하며 슈트를 제대로 활용할 줄 안다. 성공한 남자들이 좋은 슈트를 고르는 데 돈과 에너지를 쓰는 것은 다 이유가 있는 것이다.

〈나를 책임져, 알피〉라는 영화에서 주드 로는 남자들이 따라 하고픈 슈트룩을 제대로 보여 주었다. 클래식 슈트(전통적이고 전형적인 유럽 스타일의 신사복을 말한다) 안에 핑크색 셔츠를 입은 주드 로가 파란색 베스파 스쿠터를 타고 가던 모습에 사람들은, 특히 여자들은 두고두고 이야기를 하곤 했다. 영화에서는 그는 클래식한 슈트도 현대적으로 자유롭게 매치하여 여러 가지 모습의 수준 높은 스타일링을 보여 줬다.

짙은 색 청바지에 회색 스트라이프 슈트 재킷을 입고 와인 빛 머플러를 한 스타일은 슈트와 캐주얼을 적절히 믹스했던 모습은 지금도 훌륭하다. 그는 옷 잘 입는 영국 남자의 모습을 잘 보여 주었다.

"나처럼 남성이 흐르는 남자가 핑크를 두려워할 필요는 없죠."

영화 속에서 주인공 알피가 핑크색 셔츠를 꺼내며 한 말이다. 전형적인 클래식 슈트에 핑크색 셔츠라니, 이런 자신감은 그의 멋진 스타일보다도 더욱 우월해 보인다. 남들의 시선보다 나만의 스타일에 확신 있는 남자가 진짜 스타일리시한 남자다. 그것이 비록 공식대로 입어야 품격이 산다고 말하는 슈트라도 말이다.

혹자는 좋은 셔츠에 과감한 투자를 하라고 말하기도 한다. 몸에 잘 맞는 슈트를 골라야 하는 것처럼 셔츠는 복장 전체의 분위기를 바꿀 수 있어 중요하다. 셔츠는 시선을 가장 먼저 받는 얼굴과 가까운 첫인상을 좌우할 수도 있다. 주드 로의 핑크색 셔츠처럼 과하게 튀는 정도는 아니더라도 자신에게 잘 어울리는 색상과 패턴의 셔츠를 입어야 할 때와 장소에 맞는 슈트를 완성할 수 있다.

화이트 셔츠에 타이를 매는 것이 비즈니스 정장의 정식이긴 하지만, 정석을 고집해야 하는 자리가 아니라면 슈트 안에 체크나 스트라이프 셔츠를 입어 한결 도시적인 멋과 경쾌함을 더해 줄 수 있다. 체크 셔츠는 요란한 색깔보다 흰색이 바탕인 셔츠를 골라야 코디하기가 한결 더 쉽다.

컬러가 여러 가지 들어간 체크 셔츠는 자칫 산만한 코디가 될 수 있기 때문이다. 세로 스트라이프 셔츠는 스마트한 인상을 주고 날씬해 보여 비즈니스맨에게 특히 꼭 필요한 아이템이니 두어 벌은 필수! 그 외에도 슈트에 티셔츠나 니트를 입어 스타일링하면 캐주얼한 느낌이 있어 데이트 룩으로도 좋다.

" 슈트는 패션이 아니다. 그건 하나의 역사이자 전통이다."

슈트의 장인들이 모여 한 땀 한 땀 만들어 유명한 이탈리아 슈트 브랜드 키톤의 회장, 치로 파오네의 말이다. 그의 말처럼 슈트는 패션이 아니라 '당신의' 역사이자 전통이 될 것이다.

아메리칸 스타일

직선 재단의 박스 스타일이라 체형의 결점을 감추는 데 효과적이지만, 자기만의 독특한 감각을 표현하기엔 다소 힘에 부친다. 요즘은 허리에 2~3개의 주름을 넣기도 한다. 가장 실용적인 형태의 슈트로 넉넉하고 움직임이 편하고 기능적인 면을 강조한 스타일로 가장 보수적이고 유행에 흔들리지 않는 스타일이다. 장점은 체형을 어느 정도 감추면서 편안함을 느낄 수 있어 연령이 조금 많은 분들에게 보다 적합한 스타일이다.

브리티시스타일

몸의 흐름을 반영한 자연스러운 스타일이다. 브리티시 실루엣의 특징은 아메리칸 실루엣과 유러피안 실루엣의 중간형으로 몸의 흐름을 그대로 반영한 자연스러운 선을 강조한다. 가장 고전적인 스타일로 요즈음에는 자연스럽게 각이 지게 만드는 어깨와 두 개의 앞여밈 단추, 뒤트임이 하나인 주로 싱글 브레스티드 슈트가 기본형으로 균형미를 강조하는 가장 인기 있는 스타일이다.

유러피안 스타일

포멀한 스타일로 마른 체형에 좋다. 곡선미 강조 뒤트임이 없고 바지도 몸에 붙는 듯한 느낌이며 멋스럽고 엘레강스한 맛을 느낄 수 있다. 마른 체형의 사람에게 잘 어울리는 스타일로써 가장 유행에 민감한 스타일이다.

이탈리안 스타일

가장 최근에 만들어졌으며 가장 화려하며 앞의 세 가지 스타일을 잘 조화시킨 스타일이다. 미국의 넉넉함, 유럽의 곡선미, 영국의 균형미가 잘 조화된 스타일이며, 착용감이나 외형적인 느낌이 세련되었고 현재 가장 많이 응용되고 있는 스타일이다.

미국인의 실용주의 정신이 담긴 옷. 허리선이 없고 소매가 좁으며 한 개의 뒤트임, 직선 재단의 박스 스타일이라 체형의 결점을 감추는데 효과적이고 기능적인 면을 강조하며, 가장 보수적 유행에 흔들리지 않는 스타일이다.

따라 하기 쉬운 슈트 공식

- 바지 길이는 구두 위를 살짝 덮는 정도가 적당하다.
- 바지의 허리는 배꼽 바로 밑에 고정되는 것이 좋은데, 그래야 가 랑이와 허벅지에 여유가 생기고 천이 자연스럽게 늘어지기 때문 이다.
- 바지에 커프스(단) 폭은 전통적으로 3.5~4cm가 적절한데, 턱시 도를 입을 때는 커프스가 없는 것이 원칙이다.
- 재킷의 단추는 앉아 있을 때가 아니라면 어떤 자세에서도 잠겨 있 어야 한다. 투 버튼 슈트는 윗 단추를, 쓰리 버튼 슈트는 가운데 단추를 잠근다.
- 슈트의 긴 소매 드레스 셔츠를 입어야 한다.
- 클래식한 슈트에 어울리는 드레스 셔츠 컬러는 화이트와 블루다.
- 구두와 벨트의 색은 맞추는 것이 좋다.
- 넥타이의 끝은 벨트보다 길게 내려와서는 안 된다.
- 양말 컬러는 가능한 바지와 맞춘다.
- 타이 핀, 커프링크스, 반지 같은 액세서리 컬러는 통일한다.
- 구두는 반드시 끈이 있는 옥스퍼드화를 신어야 한다.

HOW TO Suit?···

슈트를 고를 때는 유행과 상관없이 최대한 오래 입을 수 있고, 자신이 가진 다른 옷들과 여러 가지 상황 속에서도 조화를 이루는 스타일을 선택해야 한다.

슈트의 실루엣 또한 당신 자신에 대한 이미지를 드러내므로 신중히 골라야 한다. 클래식하면서 체형에 꼭 맞는 슈트는 귀족적이면서도 드레시한 느낌을 준다. 넉넉하고 헐렁한 스타일을 입었을 때보다 긴장감과 자신감을 주기도 한다.

대담한 색상과 화려한 패턴은 시선을 집중시키지만, 어둡거나 무늬가 없는 색은 차분한 인상을 준다. 슈트를 딱 한 벌만 산다면 네이비를 추천한다. 두 벌을 살 수 있다면 차콜 그레이(짙은 회색)를, 세 벌을 살 수 있다면 블랙을 제안한다. 차콜 그레이나 네이비 슈트는 출근할 때나 주요 행사에 모두 적합하다.

네이비나 블랙 수트는 격식을 갖춘 느낌을 주므로 결혼식에 참석할 때 적절하지만, 동시에 강한 신뢰감을 주므로 비즈니스 미팅할 때도 좋다. 만약 차콜 그레이, 블랙, 네이비가 모두 있다면 화려한 느낌의 브라운 계열 슈트를 가질 차례다. 이 3~4가지 슈트만 있다면 여러 가지 스타일링이 가능하다.

남성 정장 에티켓

1. 와이셔츠 안에 런닝 입지 않기

2. 베스트를 입을 경우에만 자켓 벗기

3. 반소매 셔츠는 슈트와 함께 입지 않는다.

4. 셔츠 안에는 아무것도 넣지 않는다.

남성 정장 Tip

1. 어깨와 어깨선을 딱 맞추기

2. 라펠은 얼굴형에 맞추기

3. 슈트 길이는 엉덩이 반을 덮거나 모두 덮기

4. 팔 길이는 엄지손가락 뿌리

5. 셔츠 길이는 자켓보다 1.5cm 나오게 입기

6. 팬츠 길이는 바닥에서 신발 신고 2.5cm 여유

7. 셔츠와 넥타이는 남자 검지 넣을 정도의 여유

8. 넥타이는 벨트 버클 가운데 부분 닿을 정도

9. 단추는 투 버튼 시 위에만, 쓰리 버튼 시 가운데만 잠그기

2) 남자의 품격, 셔츠

남자의 옷장 속 아이템 중 단 한 가지만 입어야 한다면 바로 셔츠다. 계절에 상관없이 입을 수 있을 뿐만 아니라, 비즈니스나 캐주얼 등 자리를 가리지 않고 언제 어디서나 입을 수 있는 아이템이기 때문이다. 그런 셔츠 중에서 "남자의 패션은 화이트 셔츠로 시작해서 화이트 셔츠로 끝난다."라는 말이 있을 정도로 화이트 셔츠는 남자들의 기본 중의 기본이다.

누구나 화이트 셔츠를 가지고 있지만, 아무나 다 멋있지 않다. 컬러나 커프스처럼 슈트 밖으로 드러나는 소소한 부분에서 셔츠 전체의 이미지, 그리고 옷을 입는 사람의 취향이 드러나는데, 많은 남자가 이 부분을 간과하기 때문이다.

팔을 내리고 섰을 때, 소맷부리에 흰색 커프스가 살짝 드러나면 전체적인 이미지가 깔끔해 보인다. 어두운색 슈트에 살짝 드러난 흰색 커프스는 스타일에 악센트를 부여한다.

화이트 셔츠를 입으면, 화이트 컬러가 얼굴에 밝게 만드는 반사판 역할을 해서 어둡고 칙칙한 피부를 환하게 보여 주고, 능력 있는 남자의 모습으로 변신시킨다. 원래 속옷이었던 셔츠는 그 심플한 구조 때문에 품질을 한눈에 알아볼 수 있다. 그러니 제봉 상태와 소재를 꼼꼼히 따져야 하는 까다로운 아이템이기도 하다. 셔츠는 슈트를 고를 때보다 높은 안목이 필요하다. 셔츠 하나만 바꿔도 마치 새 슈트를 입은 것 같은 느낌을 주기 때문이다. 전체적인 라인은 슬림하지만 더블 커프스 셔츠를 선택해 드레시하면서도 남성적인 느낌을 주는 것도 좋은 방법이다.

셔츠의 소매길이는 슈트의 소매길이보다 길어야 한다. 슈트를 입은 뒤, 마무리 단계에서 셔츠의 소매 끝을 당겨 슈트 소매 밖으로 셔츠 소매가 1.5cm 정도 보이도록 연출해야 한다. 이때 커프스 버튼을 달면 좀 더 멋을 낼 수 있다.

3) 다양한 액세서리

타이

남자의 목을 조이지만 남자의 전부를 말해 준다. 타이의 생명은 색상이다. 슈트와 같은 계열 색상을 선택하면 차분하고 단정한 인상을 준다. 강렬한 이미지를 연출하고 싶을 땐 슈트와 반대색 계열의 타이를 맨다. 도트(물방울), 스트라이프, 체크, 페이즐리(곡옥 모양) 등이 대표적인 문양이다. 타이를 고를 때는 머릿속에서 갖고 있는 슈트를 그려 본다.

그 슈트의 색상을 기본으로 해 어울릴 만한 동색 또는 반대색 계열 타이를 산다. 점잖은 자리에는 도트나 페이즐리, 스트라이프 등 고전적 무늬가 작게 프린트된 것을 매고 간다. 지나치게 눈에 띄는 디자인은 피한다. 슈트의 완성은 넥타이에 있다고 해도 과언이 아니다. 차분하고 지적인 이미지를 연출하려면 남색 계열의 스트라이트 문양, 진취적이고 강한 인상을 주려면 붉은 계열의 타이를 추천한다. 가장 이상적인 넥타이 길이는 141~144cm로 넥타이 끝이 바지 벨트의 버클을 약간 덮을 정도가 알맞다. 두께는 5~9cm까지 다양하다.

Spring　　　　　Summer

Autumn　　　　　Winter

넥타이의 종류가 다양하지만 네이비, 자주, 오렌지, 브라운, 레드 등 비교적 매치하기 쉬운 색상에 무늬가 없거나 간단한 무늬가 있는 타이는 기본적으로 갖춰야 한다. 소재는 실크여야 우아하고 품격 있어 보이는데, 다리미로 납작하게 다리면 소재가 망가지므로 다리미를 들고 증기를 뿜은 다음, 손으로 펴도록 한다. 실크 외에 면, 울, 니트 타이를 몇 개 갖춰 놓으면 1년 내내 세련되게 연출할 수 있다.

박선영 교수의

HOW TO TIP

벨트를 했을 때 넥타이의 끝이 버클 가운데까지 오면 된다. 타이 핀 같은 타이 홀더는 드레스 셔츠의 네 번째 앞섶 단추 아래 위 2.5cm 정도에 한다.

양말

옷보다 밝은색 양말은 너무 눈에 띈다. 바지와 같은 색으로 맞추거나 구두와 같은 색으로 해도 좋다. 정장의 경우는 대체로 다 뉴트럴 컬러들이므로 캐주얼 복장에 신을 양말 이외에는 뉴트럴 컬러로 사는 것이 좋다. 다리를 포개고 앉을 때 맨다리가 보이지 않으려면 양말의 목이 긴 것을 구매한다. 의자에 앉거나 다리를 꼬고 앉았을 때 바지와 양말 사이에 털이 숭숭 난 다리가 드러나는 것처럼 보기 흉한 것도 없다. 따라서 수트를 입을 때는 양말의 길이는 종아리 중간이나 무릎 아래까지 오는 길이여야 한다. 컬러는 바지나 구두와 같은 계열이 무난하다.

벨트

가죽으로 된 다크 뉴트럴 컬러를 선택하는데, 차가운 색이 어울리는 사람은 검정, 따뜻한 색이 어울리는 사람은 갈색 벨트를 선택한다. 캐주얼 벨트는 가죽이나 천을 다 이용한다. 가죽은 좀 넓어도 좋다.

구두

슈트나 슬랙스와 어울리는 가죽 제품으로 벨트와 같은 색이 좋다. 캐주얼하게 신는 신발은 따뜻한 색으로는 브라운의 랜드

로버와 같은 신발이, 차가운 색으로는 붉은 기가 도는 갈색이 있다. 테니스화나 부츠도 캐주얼웨어를 입을 때 편하게 신을 수 있는 신발이다.

- 벨트와 구두의 색상, 디자인은 슈트(Suit)와 조화되도록 한다.
- 검은색, 회색, 감청색 계열의 슈트에는 검은색 구두로 한다.
- 밤색, 올리브그린 계열의 슈트에 밤색 구두로 한다.
- 양말도 슈트와 신발의 색상과 조화되도록 한다.

플레인 토

- 가장 기본적인 형태로 어떤 옷차림에도 무난하다.

스트레이트 팁 슈즈

- 구두코(toe-cap) 부분에 바늘땀 형식의 구멍이 장식(브로깅: broguing)
- 클래식한 분위기를 연출, 매우 간결하고 품위가 있다.

윙팁 슈즈

- 가장 기본적인 신사용 정장 구두(캐주얼 차림에도 어울린다)

보우팅 슈즈

- 캐주얼 옷차림. 소가죽 소재로 가죽 끈을 매기도 한다.

몽크스트랩

- 직장 초년생들의 캐주얼 스타일의 슈트에 잘 어울리며 다양한 옷에 코디 가능.

- 검은색이나 갈색의 소가죽이나 스웨이드 소재

타셀 슬립온

- 다소 여성적인 느낌으로 상당히 개성적인 스타일
- 젊은 층에 어울리며 조금 풍성한 차림의 수트에 어울린다.

2. 호감적인 남성 이미지 스타일

타고난 체형과 라이프 스타일이 옷 입는 스타일 타입을 결정한다. 편하고 격식 없는 스타일을 좋아하는 사람이 있는가 하면, 강한 데뷔와 선명한 실루엣을 좋아하는 사람도 있다.

스타일이라는 것은 그 사람의 직업, 활동 영역, TPO(시간, 장소, 목적)에 맞춰 이미지를 찾는 것이다. 가장 보수적인 집단인 은행원을 비롯해 정치나 언론, 비즈니스 등 보수적 분야에 종사하는 사람들은 고전적 스타일을 지니고 있다.

반면 예술계나 연예계 종사자 혹은 비즈니스라도 벤처 기업가들은 좀 더 개인적이며 개성이 넘치는 스타일이 일반적이다. 스타일은 직업이나 활동 영역과 분리해서 생각할 수 없다. 예를 들어 증권거래소를

출입하는 비즈니스맨은 타이트한 청바지에 검은색 모터사이클 재킷을 입지 않기 때문이다. 또 TV 토론회에 나온 정치인은 핑크색 정장을 입지 않는다.

지금부터 호감적인 남성 이미지의 대표적인 스타일에 대해 자세히 다룰 것이다.

1) 드라마틱 스타일

강하고 세련된 남자의 자신감

역삼각형 실루엣으로 강렬한 카리스마에 표현된다. 드라마틱 스타일은 보통 큰 키, 넓고 수평인 어깨, 모난 얼굴, 짙은 검은 머리카락을 가졌다. 그들에게는 디자인이나 스타일과 더불어 강한 대비가 중요하다. 키나 스트라이킹한 컬러링 때문에 자연스럽게 권위 있어 보이는 스타일로, 어느 한 가지도 어중간한 것은 없다. 그들은 생김새 때문에 옷을 권위 있고 세련되게 격식을 갖춰 입을 수밖에 없다. 대담하고 짙은 색을 자신 있게 어울리는 흰색과 강한 대비로 입으면 좋다. 아무리 대담하게 가도 여전히 안전할 수 있는 것은 그들의 사이즈나 강한 컬러링 때문이다.

비즈니스 웨어

드라마틱한 스타일은 비즈니스맨의 이미지를 쉽게 만들 수 있다. 보통 넓이의 라펠, 재킷의 수직선, 약간 맞게 만든 허리 등 대담한 컷의 실루엣이 어울린다. 작업 환경에 따라 싱글 또는 더블 벨트를 입을 수 있다. 다리가 길면 바지에 턴업도 필요 없다. 사교 모임에서 스타일리시한 더블 브레스트가 좋다. 좀 더 대담한 옷도 그들이 입으면 원래의 보디라인과 조화를 이루어서 안전하다.

드라마틱한 스타일에는 핀 스트라이프는 완벽한 선택이다. 짙은 바탕에 옅은 핀 스트라이프에 하이 콘트라스트가 좋다. 체크는 너무 흐리고 캐주얼해서 어울리지 않지만, 짙은 색의 대담한 체크나 굵은 울로 직조된 옷감은 괜찮다. 헤링본은 입을 수 있지만, 대비가 별로 없는 트위드는 그다지 어울리지 않는다. 그들에게 플란넬 같은 부드러운 옷감보다 실루엣이 뚜렷한 개버딘이나 울스테드 등의 뻣뻣한 옷감이 좋다. 격식을 갖춘 정장이 제격이다.

레저 웨어

드라마틱한 스타일은 대담한 차림을 좋아한다. 트위드보다는 짙은 단색의 블레이저나 대담한 헤링본, 체크의 두터운 재킷 같은 극단이 어울린다. 재킷 아래 코듀로이나 진보다 울이나 코튼의 바지가 더 좋다.

색상　검은색, 회색, 네이비, 암회색 등 무채색 계열과 로열 블루, 퍼플, 레드 등 강렬한 유채색. 혼합 없이 한두 가지 색만 사용

소재　옷의 형태를 유지할 수 있는 단단한 직물로 울 개버딘이 대표

패턴　추상, 기아학적인 문양, 양식화된 프린트

대표 브랜드　아르마니, 휴고보스, 랑방, 미소니, 베르사체 등

- **커프스**   싱글 커프스는 기본적인 셔츠 소맷부리를 말한다. 한 겹이기 때문에 접어서 젖혀지는 부분이 없다. 모서리의 각을 둥글게 처리한 라운드 커프스, 모서리의 각을 비스듬히 잘라낸 커트레이 커프스 등이 있다. 더블 커프스는 소맷부리를 접어 넘겨 이중으로 된 디자인으로, 프렌치 커프스라고도 한다. 소맷부리에 단추가 없고 양쪽에 단추 구멍만 있는 것은 커프스 버튼을 필요로 하는 굉장히 포멀한 디자인이다

- **로열 블루**   영국 왕실의 상징 색, 보라가 옅게 비치는 청색

- **울 개버딘**   울이 단단하게 짜여진 능직의 천 날실에 소모사(梳毛絲), 씨실에 소모사 또는 면사를 써서 능직으로 촘촘하게 짠 옷감(신사복, 비옷 등의 감으로 씀).

2) 로맨틱 스타일

온화하고 자상한 남자의 향기

감각적인 옷감과 색조로 부드러움을 표현한다.

로맨틱 맨은 보통 키, 아름다운 눈과 피부, 잘생기고 감정이 풍부한 얼굴, 숱 많은 머리, 그리고 좋은 몸매를 가졌다. 화려하고 조화된 모습에 정중하고 부드러운 사람들이 많고 예술가나 시인 타입이다. 천성적으로 옷이나 패션에 신경을 많이 쓰는 그들은 에너제틱한 모습을 만들려는 노력보다 화려함을 억제하는 습관이 필요하다.

유행을 좋아하고 부드러운 옷감과 화려한 색을 좋아하는 그들은 몸의 실루엣이 드러나는 옷이나 잘생긴 얼굴이 돋보이는 정장 차림을 좋아한다.

비즈니스 웨어

조금 덜 점잖은 옷차림이 허용되는 직업이라면 하이 패션을 입어도 좋다. 더블 벤트나 노 벤트(싱글 벤트는 너무 헐렁하다)의 잘 맞는 슈트가 가장 좋은 투자이다. 어깨 패드가 있고 허리를 강조한 더블 블래스트 재킷이 좋지만, 직업이 점잖은 차림을 요구하면 허리선이 뚜렷하고 어깨에 패드가 있는 싱글 브레스트 슈트도 괜찮다. 개버딘 같은 뻣뻣한 옷감보다는 순모나 캐시미어 같은 부드럽고 가벼운 모직이 어울리고 짙은 단색에 어울린다. 패턴을 쓸 때는 작은 스케일로 하고 체크나 플레이드는 피한다.

레저 웨어

로맨틱 타입이 가장 좋아하는 옷이 레저 웨어다. 무늬가 있는 재킷이나 상위와 하위가 강한 데비를 이루는 옷을 싫어하고, 캐시미어 재킷 같은 세련된 레저 웨어를 좋아한다. 소프트 오리나 스웨드, 실크 재킷도 멋지다.

색상 밝은색 위주나 카멜, 올리브 등 중간색이나 남색, 짙은 회갈색 등 다양

소재 부드럽고 완만한 곡선을 이루는 실루엣을 위해 물실크, 레이온, 캐시미어 등 가벼운 직물 사용

패턴 부드러운 곡선 모양과 꽃무늬를 이용해 콘트라스트 없이 연출

대표 브랜드 이브 생 로랑, 지아니 베르사체, 윈스턴 우즈, 돌체 & 가바나 등

3) 스포티 · 내추럴 스타일

친밀한 이미지를 지닌 미국적인 감성의 비즈니스 캐주얼

입기에 부담 없고 활동하기 편한 자연스러움을 추구한다.

체격이 건장하고 남자다운 스타일로 모난 턱, 넓은 이마, 광택 없는 머리카락, 편안한 걸음걸이가 특징이다. 라이프 스타일의 사무실보다는 옥외의 장소와 더 많이 연관되어 있는 사람들이 많다. 그들은 진과 스웨터 차림을 더 편하게 여긴다. 브라운, 그린, 블루 같은 자연의 색과 가까운 색으로 캐주얼웨어를 입으면 보기 좋다. 정돈된 모습보다는 편하고 자연스러운 모습이 더 좋다. 턱수염이나 콧수염을 길러도 괜찮은 타입이다.

비즈니스 웨어

허리가 강조된 멋진 컷이나 스리피스 슈트보다는 조금 여유 있는 투피스 슈트가 편하다. 중간 톤의 단색 플라넬이나 가는 체크, 트위드가 좋다. 짙은 단색은 너무 강하고 핀 스트라이프는 너무 포멀하다. 대비되지 않는 색끼리의 초크 스트라이프 정도가 적합하다. 텍스

처가 있는 두꺼운 옷감이나 광택이 없는 플란넬, 코듀로이처럼 성글게 직조된 옷감이 좋다.

레저 웨어

스포티 타입들은 슈트보다 재킷과 슬랙스를 더 좋아한다. 텍스처가 많은 코듀로이, 해비 울, 트위드 그리고 체크가 좋다. 팔꿈치에 패치를 대거나 덧댄 주머니가 어울린다.

색상　흰색, 네이비, 회색, 차콜, 카키, 올리브, 금색, 쑥색, 담갈색과 자연에서 따온 색상

소재　면 위주 데님, 옥스포드, 면트윌, 코듀로이 등 질감이 느껴지는 단단한 직물 사용 광택 없이 흐릿하고 윤기가 없는 소재

패턴　스트라이프, 플래드, 체크 등의 패턴과 나뭇잎, 눈송이 등 자연 소재 무늬 대표

브랜드　아메리카 페리 엘리스, 캘빈 클라인, 노티카, 폴로, 빈폴 등

4) 클래식 스타일

품위 있고 세련된 성공한 남자의 이미지

머리부터 발끝까지 세심하고 고급스러운 이미지를 연출한다.

이목구비가 반듯하고 세련된 얼굴, 보통의 프로포션으로 너무나 크

거나 작지 않고, 너무 약하거나 너무 남성적이지 않은, 심플하고 고급이며 절도 있는 모습이다. 점잖고 침착하고 다소 격식을 차리지만 딱딱하지 않다.

스타일이나 옷감, 텍스처나 색, 모든 것이 극단으로 흐르면 안 된다. 하이 패션이나 극단적인 패턴이 부담스러운 이들은 좋은 옷감, 고급 양복 쪽을 선택하는 것이 좋다. 실제로 그렇게 세련되지 못한 사람도 모습은 세련돼야 한다. 정돈된 모습이 어울리는 타입이다.

비즈니스 웨어

보통 때는 투피스 슈트, 특별한 경우는 스리피스 슈트를 입는다. 어깨가 너무 각지지 않은 트레디셔널 슈트가 좋다. 톱 스티치나 야한 디테일은 어울리지 않는다.

클래식 사이즈나 컬러링이 모두 중간 정도이므로 스케일이나 데뷔가 극단적으로 흐르지 않는 한 차분한 핀 스트라이프나 초크 스트라이프, 작은 체크나 중간 스케일의 잔잔한 플레이드 같은 대부분의 클래식 패턴이 다 어울린다. 중간 정도 무게의 울스테드나 얇고 촘촘하게 직조된 플란넬, 단단하게 마무리된 트위드가 좋다.

레저 웨어

좋은 울로 된 단색의 싱글 브레스트와 가는 텍스처로 된 헤링본 또는 트위드 재킷이 좋다. 클래식 타입은 너무 두터운 옷감이나 대담한 무늬의 옷은 잘 입어 내지 못한다. 클래식 스타일의 울 바지가 그들의 선택이다. 조금 야하게 입는다면 트위드나 체크의 울바지 정도이다.

색상 밝은 위주나 카멜, 올리브 등 중간색이나 남색, 짙은 회갈색 등 다양

소재 자연 섬유로 직조가 단단하고 질감이 부드러운 실크 카멜헤어, 100% 순모 등

패턴 톤온톤, 자카드 문직, 풀라드, 페이즐리, 추상적인 문양 등

대표 브랜드 알프레드 던힐, 아르마니, 이브 생 로랑, 발렌티노 등 디자이너 브랜드

- **카멜 헤어** 낙타털 직물
- **톤온톤** 같은 색이나 유사한 색을 배합하여 톤에 변화를 주는 코디법
- **폴리드** 트일 조직의 가벼운 실크 소재. 보통 솔리드 바탕에 원, 타원, 다이아몬드의 작은 무늬가 규칙적으로 배열됨.
- **자카드** 문직 큰 무늬를 직조한 직무를 지칭. 스코틀랜드 페이즐리 지방에서 최초로 개발한 것으로 나뭇잎 같은 문양들이 반복된 형태

10

personal color

나만의 컬러

COLOR IMAGE

연애 세포를 자극하는 뜨거운 빨간색
피로를 녹여 주는 따뜻한 비타민 오렌지색
동심을 꿈꾸는 노란색
건강하고 편안한 초록색
신뢰감의 컬러, 파란색
독특한 개성을 표현하기 위한 보라색
절대 지존 색, 검은색
무드 강자 색, 갈색
머리와 가슴의 온도 차이, 회색
흰색

1. 연애 세포를 자극하는 *Red* 뜨거운 빨간색

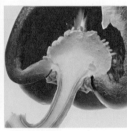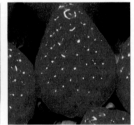

Red(빨강) 강렬한 인상을 준다.

가장 강한 채도와 자극성의 색. 구체적으로 연상되는 이미지는 태양·불·피·사고·소방차·장미 등이며, 추상적 이미지로는 에너지·활력·환희·행운·기쁨·열정·사랑·건강·정열을 뜻하며, 격렬하고 열정적인 색으로 생명을 상징하기도 한다. 또한, 명랑한, 낙관적인, 혁명적인, 자신 있는, 단호한, 자극적인, 정열적인, 드라마틱한, 공격적인, 위협적인, 거만한 등 우리 정서에 긍정적인 효과와 부정적인 효과를 동시에 미치고 있다.

Red를 저속하다고 보는 사람도 많은 반면 세련된 색상으로 보는 사람도 많다. 도시적인 디자인에 Red를 사용하면 세련미를 강조해준다. Red와 가장 잘 어울리는 색상은 검정과 흰색으로 이 세 가지 색을 배치하면 깨끗하고 경쾌한 이미지를 준다. 또 빨강은 비일상적인 색상으로 유희적 요소도 강하고 정열·자신감·힘·생동감 등을 표현하기 때문에 이를 패션과 연결한다면 젊은이를 위한 캐주얼웨어나 리조트 웨어, 스포츠웨어에 활용되어 젊음·활동성·발랄함을 표현할 수 있다. 내성적이고 소심해 보이거나 이목구비가 뚜렷하지 않아 눈에 잘 띄지 않는 사람이라면 의도적으로 빨강을 입어 보라. 자신감이 커질 것이다.

Red와 연관된 단어는 열정, 흥분, 사랑, 뜨거운 강렬함, 화려함 등으로 차분한 이성보다 뜨거운 감성에 치우친다.

선명한 레드는 보석과 매치하면 명랑하고 개성 있는 연출이 가능하고 무채색과 매치하면 레드의 선명함이 한층 돋보여 깔끔하다. 빨강을 입으면 눈에 잘 띄고 자신 있어 보이며, 메이크업에서 화려하고 관능적인 분위기를 연출할 수 있다. 푸른색이 섞인 블루 레드는 검은 머리, 검은 눈, 베이지색 피부와 잘 어울린다. 반면 노란색이 섞인 옐로 Red는 갈색기가 있는 머리와 눈빛, 아이보리색 피부를 가진 사람에게 잘 어울린다.

또한, 떠오르는 단어로는 립스틱, 딸기, 사과, 꽃처럼 생기 있고 맛있는 이미지가 있다.

이처럼 색상을 통해 얻는 색상 작용은 경험이 빚어낸 호감, 가로, 긍정과 비호감, 부정이라는 감성과 결합되어 패션과 미용업계에 다양하게 활용된다. Red는 특히 여성에게 특별한 색상이다. 이성을 유혹하는 색상으로 자신의 매력을 어필하기에 좋지만, 먼저 자신의 이미지를 정확하게 알아야 색 이미지를 제대로 활용할 수 있다. 예를 들어 보랏빛의 Wine Red는 도도하고 섹시하다. 생크림에 새빨간 Strawberry Red는 상큼하고 달콤하다. 또한, 노란빛의 Tomato Red는 완숙한 깊은 맛의 깊은 맛으로 입에 군침이 돈다. 평소 자신의 이미지는 어떠한가? 화장대에 나열된 립스틱을 모두 꺼내어 하나씩 발라 보고 과거의 주변 반응을 떠올려 보자. 불명 기분 좋아지는 Red 립스틱 하나쯤은 있을 것이다.

2. 피로를 녹여 주는 따뜻한 비타민 오렌지색

Orange

Orange는 활력·재미·열정을 표현한다. 또한, 사교적인, 거리낌 없는, 화려한 등의 긍정적인 이미지와 피상적인, 천박한, 품위 없는, 경박한, 진지하지 못한 등의 부정적인 이미지도 있다.

주황색 옷은 화려해 보이지만, 어울리지 않으면 천박한 인상을 주기 때문이다. 검은 머리와 검은 눈동자를 가진 사람이 오렌지색을 입으면 천박해 보인다. 아무리 Orange색이 어울리는 사람이라도 점잖은 자리에 입기에는 너무 야하고, 어떤 종류의 오렌지색이건 비즈니스에는 가장 덜 프로페셔널한 색이다.

정력적인 활동성과 함께 창조성·포부를 자극하며, 많은 종류의 과일과 채소에서 나타나는 색이라 영양분의 색이라고도 한다. 자랑·정욕·박애·건강·활력·악마·이기심·절망·인내·태양 등의 이미지를 내포하고 있다.

Orange(주황)는 상큼한 오렌지가 먼저 떠오를 것이다. 주스, 비타민처럼 상쾌하게 피로를 풀어 주고 에너지를 충전할 수 있는 생명력 있는 색상이다.

대부분 식욕, 활동, 에너지를 요구하는 음식의 패키지나 스포츠 패션에 많이 쓰인다. 이처럼 Orange가 사랑받는 이유는 껍질을 벗길 때부터 풍기는 새콤달콤함, 입안에 톡톡 터지는 식감과 신선한 과즙이 지친 몸에 활력을 주기 때문일 것이다.

우리의 몸은 Orange의 신선함, 개운함, 산뜻함을 기억한다. 그러나 따뜻한 색감의 Orange는 뜨거운 색감의 Red보다 약간 인기가 떨어진다. 이유는 간단하다. 우리 눈에 확실히 띄고 더 자극적인 색은 Red이기 때문이다. 멀리서도 잘 보이고 한 번 봐도 잊히지 않는 색에 손이 먼저 가는 것은 당연하다. Orange색이 대중적이지 않은 만큼 색다르게 활용하면 틀림없이 누군가에게 상큼한 비타민이 될 수 있다.

천연 비타민 Orange색이 잘 어울리는 사람이라면 분명히 생김새와 성격도 상큼하고 에너지 넘치는 사람일 것이다.

3. 동심을 꿈꾸는 노란색 Yellow

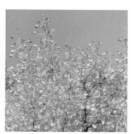

Yellow(노랑)를 보면 마냥 기분이 좋아지고 심장 박동수가 빨라진다.

Yellow를 상징하는 단어로는 즐거운, 쾌활한, 낙천적, 명랑한, 가벼운, 젊은, 사랑스러움 등이 있다. 맑고 가벼운 이미지가 과거의 기분 좋은 추억과 행복한 미래를 상상하게 하는 마법 같은 색상이다.

또한, Yellow 하면 개나리, 해바라기, 레몬, 바나나, 귤, 달, 어린아이의 우산, 따사로운 봄 햇살같이 유쾌하고 사랑스러운 것들을 연상된다. Yellow는 어떤 색상과도 유쾌하게 어울리는 색상이다. 칙칙한 의상이나 단조로운 인테리어를 바꾸고 싶을 때 약간의 양념처럼 Yellow를 곁들이면 기분 좋은 일상의 작은 포인트가 될 것이다.

고채도와 고명도로 가장 명시성이 높으며 밝음과 따뜻함을 느끼게 하는 색이다. 구체적으로 연상되는 이미지는 금·레몬·개나리 등이며, 추상적으로는 희망·원기·쾌활함·행복·명랑함 등이 연상된다. 노란색은 눈에 가장 잘 띄는 장점이 있으나 오랫동안 보면 눈이 쉽게 피로해지므로 의상 등에 사용할 때는 주의해야 한다.

상큼한 레몬과 달콤한 바나나 중에서 당신이 선호하는 맛과 이미지는 어떤가?

레몬은 시원한 색감의 Yellow, 바나나는 따뜻한 색감의 Yellow이다. 립스틱을 바르지 않고 아파 보이지 않는 혈색이라면 Lemon Yellow 의상은 도자기 피부처럼 보이게 해 줄 것이다. 하지만 Lemon Yellow 의상을 무리하게 시도하면 자칫 아파 보일 수 있으니 Yellow Base(Warm Base)의 사람들은 주의해야 한다.

노랑은 특유의 선명성 때문에 사람들의 시선을 끌 때 좋다. 따라서 많은 사람이 모이는 장소나 파티에서 시선을 받고 싶으면 노란색 옷만큼 효과적인 색도 없다. 또 노랑은 기분을 돋워줘 즐겁고 친숙한 분위기를 연출하므로 모임이 있을 때 착용하면 좋다. 그러나 팽창색이어서 뚱뚱해 보이고 병자처럼 보인다는 점도 염두에 두자.

4. 건강하고 편안한 초록색

Green

Green(초록)은 우리에게 신선한 생명력을 나눠 준다.

안전과 보호를 상징하며 자연의 풍요로움과 휴식을 주는 색이다. 나무·숲·공원·여름·채소·잔디 등이 연상되며, 휴식·평화·조화·이상·공평·평정·건실·소박·생명·젊음 등이 추상적으로 연상된다. 심리적 안정과 눈의 건강을 돕고 피로한 심신과 기분을 회복시키고 균형 있는 상태로 유지해 준다. 베이지·아이보리 등 내추럴 느낌의 자연주의 색과 잘 어울리며, 보색인 빨강과 면적 변화를 통해 화려하고 섹시하거나 에스닉한 이미지 연출이 가능하다. 갈색·연미색·연노랑 등 자연스러운 색과 함께 입으면 잘 어울리며, 보라색과 함께 입으면 녹색이 돋보인다.

녹색은 잘못 사용하면 촌스러운 느낌을 주므로 명도나 채도를 변화시킨 녹색을 입는 게 좋다. 어두운 녹색 계통은 싱싱한 느낌은 없지만 중후한 느낌을 낼 때 좋고, 밝은 녹색인 옐로 그린 계통은 명시성이 뛰어나고 가벼운 인상을 주기 때문에 리조트 웨어에 적당하다. 색상환의 중성색으로 온도감에 크게 영향을 끼치지는 않지만 파랑색과 같이 배색하면 더욱 차갑게 느껴지는 배색이 될 수 있다.

매일 먹는 채소, 매일 보는 화초의 초록 잎사귀는 지친 몸과 마음에 활력을 주는 산소 같은 존재이다.

Green을 상징하는 단어는 신선한, 젊은, 편안한, 풍요로운 청결한 등 홍분을 차분히 가라앉히는 단어들이 떠오른다. 또한, Green 하면 나뭇잎, 피망, 산, 개구리, 오이처럼 시원하고 생명력이 느껴진다.

사계절이 흐르는 동안 나뭇잎을 유심히 살펴보면 계절 특유의 색감을 쉽게 엿볼 수 있다. 봄에는 톡톡 튀는 노란빛의 초록, 여름에는 비와 바람에 초록 물이 빠지고 햇볕에 바랜 초록을 볼 수 있다.

가을에는 햇살, 받아 깊이 있는 녹색을 볼 수 있다. 겨울 준비를 마친 대부분 나무에는 푸른 나뭇잎이 없지만, 추운 겨울에도 꿋꿋한 푸른 소나무의 진녹색은 당당한 카리스마를 뽐내고 있다.

Green이 잘 어울리면 미인이라는 이야기가 있다. 사계절 초록 중에서 자신의 피부색에 어울리는 Green을 잘 알고 있다면 당신은 이미 특별한 사람이다.

5. 신뢰감의 컬러, 파란색

Blue 하면 마음이 평온해지고 차분해진다. Blue를 상징하는 단어로는 믿음·평화·지혜·차분함·조용함·시원함 등이 떠오른다. 새빨간 불꽃 같은 감정도 차분한 Blue를 보면 찬물을 끼얹은 듯 이내 고요해진다. 하늘, 바다처럼 Blue는 깊은 이성 또는 폭넓은 지혜와 닮아 청년, 남성, 직장인에게 매우 특별한 색이다.

어려서부터 빨강은 여성, 파랑은 남성을 상징하듯이 고유의 색상처럼 입어 왔다. 지금도 여전히 남자아이는 한색 계열, 여자아이는 난색 계열 의상이나 소품을 애용하고 있다.

여성이 Pink, Red 색상을 선호하는 것은 여자아이, 여성은 꽃처럼 아름답고 부드러운 감성을 가져야 한다는 고정관념일지도 모른다.

반면 쉽게 감정을 들키면 안 되고 강한 힘과 냉철한 카리스마를 보여야 하는 남성에는 Red보다 Blue가 효과적이다. Blue에도 따뜻한 초록빛 파랑이 있고, 차가운 보랏빛 파랑이 있다.

깊고 깊은 바다색은 초록색 파랑이며, 구름 한 점 없는 가을 하늘은 사파이어 보색을 닮았고, 보랏빛을 띤 짙은 푸른빛은 추운 겨울 저녁을 연상케 한다.

파랑색은 긴장감과 불안을 가라앉히고 마음을 차분하게 하고 심신의 회복을 도와 준다. 또한, 믿음과 신뢰를 의미하기 때문에 기업체의 마케팅 색상으로 많이 사용되고 있다. 화이트와 블루 배색은 모두 차가운 색상 계열로 시원하고 깔끔한 인상을 주고, 베이지 계열과 배색하면 단아하면서도 산뜻해 보인다. 메이크업에서는 주로 시원한 이미지를 활용한 여름 메이크업, 차가운 이미지를 활용한 모던 메이크업에 좋다.

짙은 블루는 권위적이고 신뢰감을 주기 때문에, 특히 프로페셔널한 이미지를 주고 싶을 때 다크 블루는 멋진 선택이다. 파스텔이 섞인 채도가 낮은 블루는 눈빛이 부드러운 사람에게 잘 어울리고, 선명한 느낌의 블루는 눈빛이 강한 사람에게 잘 어울린다.

다른 색이 섞인 파랑은 비즈니스 웨어에 가장 유용한 색이고, 파랑과 회색을 섞으면 아주 훌륭한 비즈니스 웨어를 만들 수 있다. 샤프하고 깔끔한 이미지를 주고 싶다면 파랑을 활용하자.

6. 독특한 개성을 표현하기 위한 보라색

Violet(보라)은 다른 색상보다 많은 사랑을 받지 못하지만, 과거에는 왕과 최고의 권력을 상징하는 색이었다. 자연에서 얻는 염색으로 쉽게 만들지 못한다는 이유에서 Violet은 소수 권력층만이 누릴 수 있던 고귀한 색상이었을 것이다.

Violet을 상징하는 단어로는 고귀함·우아함·관능적·화려함·위엄·예술성 등이 있다. 감성적으로 따뜻하거나 차갑지 않은 특별한 색상이다.

Violet에 연상되는 단어는 포도, 나팔꽃, 가지, 제비꽃, 등나무꽃 등이다. 인공적인 염색을 하지 않던 과거에는 계절 중에 짧게 볼 수 있는 색상이기 때문에 더욱 귀한 대접을 받았을 것이다.

Violet은 넓은 면적에서 주 색상으로 사용하기는 힘들지만, 밋밋한 다른 색상의 포인트를 이용하면 고귀하면서도 색다른 멋을 보여 줄 수 있다. 푸른빛 보라는 앙증맞은 팬지 꽃처럼 사랑스럽다. 새하얀 피부에 검은 머리카락을 가진 사랑스러운 백설공주라도 Purple 립스틱을 바른다면 분명 관능적일 것이다.

고귀한 이미지가 강해 왕족의 색으로 고급스러운 분위기 연출이 가능하다. 와인·포도·라벤더·가지·자수정 등이 연상되며, 추상적 이미지로는 고귀·신비·영원·환상·예술·숭고·우아·위엄 등이 연상된다. 보라색은 회색 계열과 핑크 계열이 잘 어울리며 보색인 노란색과도 잘 어울리고 세련된 이미지를 연출해 준다.

또한, 자신감과 개성을 동시에 드러내고 싶은 여성에게 좋고, 네이비나 그레이 대신 선택할 수도 있다. 검정 대신 이브닝드레스로 사용해도 좋지만 별나거나 미숙해 보일 수 있고, 고급 취향으로 보이기 때문에 겸손해 보이고 싶을 때는 피한다.

개인주의자, 트러블 메이커라는 인상을 주기도 해 조화를 필요로 하거나, 두드러지면 안 되는 자리에는 어울리지 않는다. 가지색이라고 부르는 검정이 많이 섞인 보라는 우리나라 사람 대부분에게 잘 어울린다.

7. 절대 지존색, 검은색

Black

Black은 자연에서 쉽게 볼 수 없을 뿐더러 악마와 죽음처럼 추상적인 이미지가 떠오른다. Black은 모든 것을 수용하는 막강한 힘을 가지고 있다.

의상에서 가장 기본적인 색상인 검정은 어떤 색상의 옷과도 잘 어울리고 체형의 결점도 보완해 준다. 그래서 샤넬은 검정이 모든 색을 받아들이는 색이며, '색 중에서 가장 순수한 색'이라고 표현하기도 했다. 현대 패션에서 검정은 권위·엄격함·절제성·우아함이라는 긍정적 의미를 지닌다.

검정은 단순하며 유행을 타지 않는 기본적인 색이면서 소재와 광택에 따라 다양한 변화가 가능한 매력적인 색이다. 검정은 형태를 한정시키기 때문에 신체에 밀착돼 여성의 곡선미와 볼륨감을 효과적으로 드러낸다. 극적인 분위기를 더하고, 사소한 결점을 가려 몸매를 날씬하게, 얼굴색을 더욱 건강해 보이도록 해 주며, 검정 옷을 입은 사람은 성숙하고 우아해 보인다.

또한, 검정이 가지는 현대적·미래적·활동적·권위적 느낌 때문에 젊은 층을 위한 패션에 많이 사용된다. 검정을 다른 색과 배색하면 선명하고 강렬한 인상을 준다. 흰색과는 무난하게 배색되어 심플하면서 모던한 이미지를 주고, 파란색과의 배색은 뚜렷한 이미지를 주어 스포티한 느낌을 줄 수 있으며, 약간 어두운 파란색이나 베이지색으로 포인트를 주면 내추럴한 느낌을 연출할 수 있다. 메이크업에서는 명암을 부여해 강렬하고 중후한 이미지를 만든다.

머리가 칠흑같이 검은 사람에게 검정은 멋진 색이다. 머리와 눈빛에 갈색이 많이 섞여 있으면 반짝이는 느낌으로 마무리된 검정을 선택하면 좋고, 눈빛이 부드러운 사람은 검정도 조금 누그러진 것, 즉 먹을 조금 덜 갈았을 때처럼 흐린 검정으로 부드러운 느낌을 주는 것이 더 잘 어울린다. 검정이 너무 강하다고 생각하면 목선을 깊거나 넓게 파서 얼굴에서 좀 떨어뜨려 입는 것이 좋다.

다른 색과 대담하게 대비시키는 것도 좋다. 그런 대비를 충분히 소화할 수 있는 강한 컬러링을 타고 난 사람들, 즉 눈이나 머리카락이 검고 전체적인 인상이 부드럽다기보다는 강하고 반짝이는 사람은 검정과 균형을 이루는 흰색이나 붉은색과 대비해 입으면 멋있다. 그러나 부드러운 사람은 대비보다는 수채화 같은 느낌의 배합이 좋다.

Black은 카리스마 있고 존재감 있는 이미지를 가지고 있다.

여성이 가장 선호하고 즐겨 입는 의상의 색상이지만, 그만큼 잘 어울리기도 쉽지 않은 색이다. 하지만 자신에게 어울리는 색과 함께 매치하면 더할 나위 없이 완벽한 색상이 될 것이다.

white와 매치했을 때는 깔끔하고 심플한 모던 룩을, Gray와 매치했을 때 부드럽고 고급스러운 모던 룩을 연출할 수 있다

8. 무드 강자 색, 갈색 *Brown*

갈색은 초록색처럼 자연의 색으로, 나무색이라고도 한다. 평온한, 안심시키는, 가정적인, 사교적인, 안전한 등 마음을 편안하게 만드는 색으로 신뢰감을 주는 동시에 상대방의 마음을 쉽게 열게 한다.

비즈니스 웨어에는 갈색과 함께 짙은 회색이나 짙은 남색의 배색이 좋다. 로즈 톤이 가미된 로즈 브라운은 찬색으로, 골드 톤이 가미된 골든 브라운은 따뜻한 색으로 분류된다. 갈색을 잘 살려 주는 옐로 베이지 같은 색과 배열하면 편안한 느낌을 주고, 빨강과는 대담한 대비 효과도 낼 수 있다. 그레이가 들어 있는 브라운은 화면도 잘 받는다.

눈에 잘 띄는 색이 아니므로 돋보여야 하는 자리라면 피하는 것이 좋은데, 마호가니나 체리 같은 나무색 계열 가구가 있는 장소의 모임 등이 그렇다.

흔히 대지의 흑색은 낡고 나이 들어 보인다는 고정관념을 가지고 있지만, 모든 것을 포용할 수 있는 여유로움과 풍부한 색감을 보여 준다. 즉 white, Gray, Black이 시원하고 차가운 인상을 준다면, Ivory, Beige, Brown은 부드럽고 따뜻한 인상을 주는 것이다.

흰옷을 입었을 때 얼굴 혈색이 좋아 보이지 않을 때, white 대신 Ivory를 사용하면 피부색이 정돈되고 혈색이 좋아 보일 것이다. 그리고 Black의 카리스마 있는 이미지 연출을 필요하거나 세련되고 심플한 스타일을 연출하고 싶을 때는 Dark Brown을 사용하면 Black 못지않게 강렬하고 독특한 이미지를 연출할 수 있다. 따라서 피부색과 균형이 좋은 기본 색상을 선택하는 것이 중요하다.

피부가 하얀 사람은 Ivory & Beige의 부드러운 색감과 균형이 잘맞고, 피부가 까만 사람은 Beige & Brown의 진한 색감으로 명도의 균형을 맞추는 것이 좋다. 특히 Ivory는 봄, 여름의 밝고 선명한 색감과 잘 어울리고, 소녀다운 색감과도 잘 어울리는 가장 기본색이다. 반면 Beige는 가을, 겨울의 진한 색감과 매치했을 때 따뜻하고 고급스러운 이미지를 연출할 수 있다.

차가운 Black보다 따뜻한 Brown

Brown은 대지의 흙을 연상케 하며 따뜻하고 포근하다. Black이 어울리지 않으면 Dark Brown을 선택하는 것은 어떨까?

Black & white에 튀고 강렬한 모던 스타일을 원한다면 Ivory & Brown의 은은한 고급스러운 모던함을 즐겨보자. Brown 하나만으로 컬러 코디를 하면 나이 들어 보일 수 있으므로 톤에 큰 변화를 주거나 컬러 아이템을 포인트로 매치하여 생동감 있게 코디해야 한다.

9. 머리와 가슴의 온도 차이, 회색

Grey

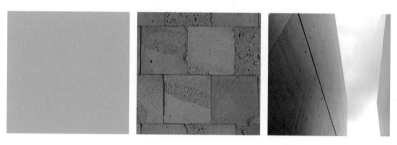

　회색은 건물의 기초가 되는 것처럼 옷의 기초이기도 하다. 영원을 함축하고 있다고 불리는 회색은 입는 사람에게 세련됨과 사교적인 감각, 그리고 자신감을 준다. 가장 무난하게 선택하는 색으로 부드러움·안정·세련됨을 나타낸다. 쾌락주의자는 회색을 좋아한다고도 하며, 순색의 악센트를 사용해 더욱 세련되게 표현할 수 있다. 면접 때 입어도 좋고 비즈니스 복장으로도 무난하다. 네이비나 블랙보다 덜 권위적이면서 스마트한 느낌을 주기 때문이다. 그러나 너무 옅은 회색은 바람직하지 않다. 아무리 비싼 옷감이라도 너무 옅은 회색은 고급스러워 보이지 않기 때문이다. 회색 정장에 빨강이나 보라로 악센트를 주면 프로페셔널하면서도 참신한 느낌을 줄 수 있다. 노란색이나 푸른색이 섞이지 않은 트루 그레이는 누구에게나 잘 어울리며, 노란색이 섞인 옐로 그레이는 갈색 머리와 갈색 눈동자에, 푸른색이 섞인 회색은 검은 머리와 검은 눈동자에 어울린다.

칙칙한 Gray Color? 고급스러운 Gray Color!

    Gray는 어중간하면서도 칙칙한 이미지를 가지고 있지만, 다른 색을 돋보이게 하는 친절함을 가지고 있다. 어떤 색이라도 Gray와 조합하면 고급스러운 이미지를 연출할 수 있어 누런 피부색이 단점이라면 노란빛을 빼는 마법 같은 색상이기도 하다. 또한, Gray는 차가워 보일 수 있지만 Ivory, Beige와 같은 색감과 매치하면 세련되고 센스 있는 이미지를 연출할 수 있다.

10. 흰색 *White*

    흰색은 순결과 순수를 상징하는 색으로 눈·웨딩드레스·설탕 등을 연상시키며, 일반적으로 밝음·깨끗함·맑음·순수함·솔직함 등의 느낌을 준다. 순결한 여성의 색으로 절대적인 기품이 있는 반면, 어떤

색과 배색해도 어울려 많은 사람이 선호하는 기본색이다. 모던한 디자인에도 효과적이다.

흰색은 무색의, 깨끗한, 추운, 중성의 느낌을 주며, 블랙과 대비시켜 강한 인상을 만들 수 있고, 갈색이나 회색 같은 컬러와 함께 입으면 우아한 멋을 낼 수 있다. 그레이·핑크·라벤더·블루 등과도 잘 어울린다. 이처럼 거의 모든 색과 잘 어울리기 때문에 평범한 느낌을 줄 수 있지만, 깨끗하고 정제된 차림으로 단순함과 세련미 그리고 격조 있는 느낌을 표현할 수 있다. 메이크업할 때 빛의 반사율을 높여 밝고 넓고 돌출된 효과를 낼 수 있으며, 다른 색과 배색했을 때는 그 색을 돋보이게 해 준다.

순백의 아름다움 white Color

white는 깨끗하고 순수한 이미지를 가지고 있다.

아무리 칙칙한 의상이라도 white를 더하면 산뜻한 배색으로 단순한 개성 있는 스타일로 연출할 수 있다. 하지만 부드러운 이목구비와 중간 톤의 피부색을 가진 사람이 white 셔츠를 고집한다면 white 자체의 표백 효과로 혈색이 좋지 않게 보일 수 있다. 또한, 명도 대비 효과에 의해 피부색이 칙칙하고 어두워 보일 수 있다.

personal color

부록

APPENDIX

×

퍼스널컬러와 인공지능

Personal Color Test
PCS 1차 진단_신체 색상 분석
PCS 2차 진단_조화 분석 요인

부록. 퍼스널컬러와 인공지능

    퍼스널컬러, 즉 개인 맞춤형 색상은 뷰티와 패션 산업의 핵심 요소로 자리 잡고 있다. 이는 개인의 피부 톤, 눈동자 색, 머리색 등을 고려하여 각자에게 가장 잘 어울리는 색상을 찾아내며, 이를 통해 개인의 독특한 아름다움을 강조하고 자신감을 높이는 데 기여한다. 뷰티 산업은 최근 소비자의 개별적인 필요와 선호에 더욱 주목하고 있으며, 이 과정에서 퍼스널컬러의 역할이 두드러지고 있다. 이는 메이크업, 헤어스타일, 패션 등 다양한 분야에 걸쳐 개인화된 경험을 제공하는 데 중요하다.

    또한, 퍼스널컬러의 선택은 단순한 미적 측면을 넘어서, 심리적인 영향까지 미치는 중요한 요소다. 색채 심리학에 따르면, 특정 색상은 감정, 기분, 행동에 영향을 줄 수 있으며, 이를 통해 개인은 자신의 강점을 부각하고 긍정적인 인상을 남길 수 있다.

이러한 퍼스널컬러의 중요성을 감안할 때, 인공지능(AI)과 증강현실 (AR) 기술의 적용은 이 분야에서 혁신적인 발전을 가져왔다. AI와 AR 을 활용한 퍼스널컬러 분석은 보다 정확하고 신속한 맞춤형 색상 추천을 가능하게 하며, 이를 통해 소비자는 자신에게 가장 잘 어울리는 색상을 쉽게 찾을 수 있다. 이 기술적 진보는 뷰티와 패션 산업의 미래를 형성하는 데 결정적인 역할을 할 것으로 기대된다.

1. 인공지능 기반 퍼스널컬러 분석

인공지능(AI) 기술의 발전은 뷰티 산업에 혁신적인 변화를 가져오고 있으며, 특히 퍼스널컬러 분석 분야에서 그 중요성이 강조되고 있다. 이 기술은 개인의 피부 톤, 눈동자 색, 머리색 등의 외모적 특성과 취향을 분석하여 개인에게 가장 잘 어울리는 색상을 추천한다. 이러한 분석은 복잡한 알고리즘과 방대한 데이터를 기반으로, 각 개인의 독특한 특성을 고려하여 수행된다.

퍼펙트의 인공지능 기술

퍼펙트(Perfect Corp.)는 뷰티 인공지능(AI) 기술 분야에서 선도적인 위치를 차지하고 있는 기업으로, 특히 인공지능 기반의 퍼스널컬

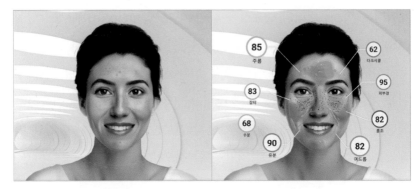

뷰티, 스킨케어, 패션 테크를 위한 AI 파워하우스(perfectcorp.com)

러 분석에서 주목받고 있다. 이 회사는 인공지능과 증강현실(AR) 기술을 통합하여 사용자의 외모와 취향을 분석하고, 이에 근거하여 개인에게 가장 잘 어울리는 색상 팔레트를 제안한다.

고도의 맞춤형 분석

퍼펙트의 기술은 소비자의 피부 톤, 눈동자 색, 머리색 등을 분석하여 개인별로 최적화된 색상 조합을 제공한다. 이 과정은 사용자의 외모적 특성뿐만 아니라, 개인적인 취향과 스타일을 반영하여 진행된다.

생성형 인공지능과 및 증강현실 기술의 활용

퍼펙트는 생성형 인공지능과 증강현실 기술을 결합하여 실시간으로 가상 메이크업 체험과 개인별 맞춤형 색상 추천을 가능하게 한다. 이는 사용자가 다양한 메이크업 스타일을 시험해 볼 수 있게 하며, 실제와 가까운 결과를 제공한다.

또한, 이 기술은 뷰티 인공지능, 스킨 인공지능, 패션 인공지능 등 다양한 분야에 걸쳐 적용되며, 사용자에게 보다 정교하고 개인화된 쇼핑 경험을 제공한다.

고객 경험의 혁신

퍼펙트의 인공지능 기술은 사용자가 자신의 외모를 가장 잘 살릴 수 있는 색상을 쉽고 빠르게 찾을 수 있도록 돕는다. 이는 고객에게 만족스러운 쇼핑 경험을 제공하며, 브랜드 충성도를 높이는 데 기여한다.

스킨 톤 분석에서의 인공지능 활용

인공지능(AI) 기술이 스킨 톤 분석 분야에서 이룬 진보는 개인 맞춤형 뷰티 경험의 혁신을 의미한다. 선도적인 기업인 퍼펙트(Perfect Corp.)는 이 기술을 활용해 사용자의 피부색을 정밀하게 분석하고, 이를 바탕으로 가장 어울리는 메이크업 색상을 추천한다. 이 과정은

AI 파운데이션 피부 톤 진단(perfectcorp.com)

사용자의 피부 톤, 조명 조건, 피부의 미묘한 차이를 고려하여 최적의 파운데이션, 립스틱, 아이섀도 등을 제안한다.

퍼펙트의 인공지능 기술은 사용자의 외모적 특성을 분석하여 개인에게 어울리는 색상 팔레트를 제시한다. 이러한 고급 분석은 사용자에게 맞춤형 뷰티 경험을 제공하며 뷰티 산업에 새로운 개인화 차원을 더한다. 인공지능 기술의 지속적인 발전은 미래에 소비자들이 자

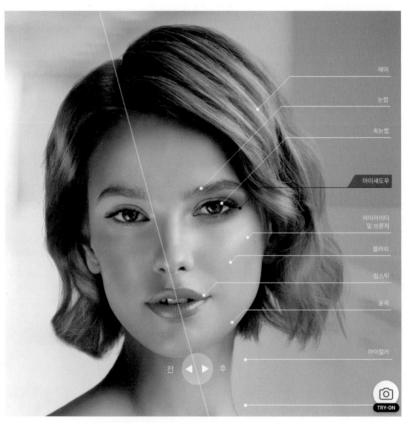

뷰티, 다시 태어나다(perfectcorp.com)

신의 아름다움과 개성을 더욱 세밀하게 표현할 수 있도록 할 것이며,
뷰티 산업의 지속 가능성에도 기여할 것으로 기대된다. 이는 소비자
들이 필요한 제품만을 선택하여 제품 낭비를 줄이고, 환경에 긍정적
인 영향을 미칠 수 있게 한다.

2. 생성형 인공지능과 뷰티 산업

생성형 인공지능(Generative AI)은 뷰티 및 패션 산업에 혁신적인
변화를 가져오는 주요 기술로 자리 잡고 있다. 이는 데이터를 기반으
로 새로운 콘텐츠를 생성하는 인공지능의 한 형태로, 특히 맞춤형 제
품 개발과 개인화된 소비자 경험을 제공하는 데 중요한 역할을 한다.
이 기술을 통해 뷰티 산업은 사용자의 개인적인 특성과 취향을 고려
하여 맞춤형 제품을 더 정교하게 제작할 수 있으며, 이를 통해 소비
자들에게 더욱 개인화된 경험을 제공한다.

생성형 인공지능의 역할

생성형 인공지능은 뷰티 산업에서 맞춤형 제품과 스타일 추천을 위
한 핵심 기술로 활용되고 있다. 이 기술은 소비자의 얼굴 형태, 피부
톤, 선호하는 스타일 등 다양한 뷰티 데이터를 분석하여 개인에게 적
합한 메이크업 룩과 헤어 스타일을 제안한다. 더 나아가, 생성형 인공

지능은 가상 시뮬레이션을 통해 사용자가 다양한 메이크업 룩을 실시간으로 체험할 수 있도록 지원함으로써, 보다 효과적이고 만족스러운 구매 결정을 돕는다. 이러한 기술의 진보는 뷰티 산업에서 소비자 경험을 혁신적으로 변화시키는 중요한 요소가 되고 있다.

패션과 뷰티의 융합

패션과 뷰티 산업의 융합은 점점 더 밀접해지고 있으며, 생성형 인공지능은 이 두 분야를 융합하는 데 있어 핵심적인 기술로 자리매김

주얼리 및 시계 AR 가상 피팅(perfectcorp.com)

하고 있다. 예를 들어, 이 기술은 개인의 패션 취향과 체형을 분석하여 맞춤형 의류를 추천하고, 온라인 쇼핑 경험을 개선하기 위한 가상 피팅 룸을 구현하는 데 사용된다. 이러한 접근은 소비자에게 더 편리하고 맞춤화된 쇼핑 경험을 제공하며, 브랜드들이 고객과의 관계를 강화하는 데 기여한다.

생성형 인공지능은 뷰티 산업에서 개인화 추세를 진전시키는 데도 중요한 역할을 한다. 이 기술을 통해 소비자들은 자신만의 독특한 스타일을 찾고, 개인적인 취향과 필요에 부합하는 제품을 쉽게 선택할 수 있다. 또한, 다양한 색상, 텍스처, 패턴의 실험을 통해 새로운 뷰티 제품 개발에도 중요한 기여를 하고 있다. 이러한 진보는 뷰티와 패션 산업이 소비자의 다양한 요구에 더 잘 부응할 수 있게 만들고 있다.

3. 인공지능의 미래 및 시장 전망

인공지능(AI) 기술은 뷰티 및 패션 산업의 미래를 재구성하는 중추적인 역할을 하고 있다. 이 기술은 사용자에게 맞춤형 경험을 제공하고, 시장 트렌드를 예측하며, 브랜드와 소비자 간의 상호작용을 강화하는 데 크게 기여하고 있다.

인공지능 기술의 발전 방향

인공지능 기술의 끊임없는 발전은 뷰티 및 패션 산업에 다양한 혁신을 가능하게 한다. 예를 들어, 인공지능은 개인의 취향과 스타일을 분석하여 맞춤형 제품을 제안하며, 가상 현실을 통해 실시간으로 제품을 체험할 수 있게 한다. 또한, 인공지능은 퍼펙트(Perfect Corp.)와 같은 기업들을 통해 뷰티 산업에서 중요한 역할을 하는 피부 분석과 퍼스널컬러 추천을 더욱 정밀하게 수행한다. 이러한 기술은 사용자에게 개인별 맞춤형 메이크업 룩이나 헤어 스타일을 제안하며, 가상 시뮬레이션을 통해 다양한 메이크업 룩을 실시간으로 체험할 수 있는 기회를 제공한다.

뷰티 산업의 미래 전망

생성형 인공지능의 발전은 뷰티 산업의 미래에 중대한 영향을 미칠 것으로 예상된다. 이 기술은 새로운 제품 개발, 소비자 경험의 개선, 그리고 마케팅 전략의 혁신에 중요한 역할을 할 것이며, 뷰티 산업이 지속 가능하고 개인화된 방식으로 성장하는 데 기여할 것이다. 생성형 인공지능은 다양한 색상과 텍스처, 패턴을 실험하여 새로운 뷰티 제품을 개발하는 데 중요한 역할을 하며, 소비자들은 이를 통해 자신만의 독특한 스타일을 찾고, 개인적인 취향과 필요에 맞는 제품을 쉽게 선택할 수 있다.

소비자 경험의 개선과 시장 영향

　인공지능은 소비자의 쇼핑 경험을 개선하는 데 크게 기여하고 있다. 가상현실 기술은 온라인 쇼핑에서 제품을 실제로 체험할 수 있는 기회를 제공한다. 이는 소비자가 제품을 구매하기 전에 실제로 어떻게 보일지 시각화할 수 있게 하여 구매 결정 과정을 간소화한다. 인공지능은 또한 시장 트렌드를 예측하고 분석하는 중요한 도구이다. 대량의 데이터를 분석하여 시장의 변화와 소비자의 선호도를 예측할 수 있으며, 이러한 분석은 브랜드가 효과적인 마케팅 전략을 수립하고, 신제품 개발에 있어 소비자의 요구를 더 잘 반영할 수 있도록 돕는다.

실시간 3D 아이웨어 가상 체험(perfectcorp.com)

인공지능 기술의 발전은 또한 브랜드와 소비자 간의 상호작용을 강화하는 데 중요한 역할을 한다. 인공지능 기반의 챗봇과 고객 서비스 도구는 소비자의 질문에 실시간으로 응답하고, 맞춤형 쇼핑 조언을 제공하여 고객 만족도를 향상시키고, 브랜드 충성도를 높이는 데 기여한다.

지속 가능성 및 책임감 있는 소비

인공지능 기술은 뷰티 및 패션 산업의 지속 가능성을 개선하는 데도 중요한 역할을 한다. 예를 들어, 인공지능은 제품 개발 과정에서 필요한 자원을 최적화하고, 낭비를 줄이는 데 도움을 준다. 맞춤형 제품 추천은 소비자가 필요하지 않은 제품을 구매하는 것을 방지하여 낭비를 줄이고, 지속 가능한 소비를 촉진한다.

AI 기반 가상 네일 체험(perfectcorp.com)

인공지능 기술의 발전은 뷰티 및 패션 산업에 큰 변화를 가져올 것이며, 이는 브랜드와 소비자 간의 관계를 강화하고, 지속 가능한 소비를 촉진하는 데 기여할 것이다. 이러한 기술의 지속적인 발전은 뷰티 및 패션 산업의 미래를 밝고 흥미진진하게 만들 것으로 기대된다.

4. 퍼스널컬러와 미래 뷰티 산업

인공지능(AI) 기술의 발전은 뷰티와 패션 산업에 혁명적인 변화를 불러왔다. 이미 인공지능은 개인화된 소비자 경험을 제공하고, 브랜드와 소비자 간의 상호작용을 강화하는 데 중요한 역할을 하고 있다.

퍼스널컬러와 인공지능의 결합의 중요성

인공지능의 활용, 특히 퍼스널컬러 분석은 소비자에게 맞춤형 뷰티 솔루션을 제공한다. 이는 개인의 외모와 스타일을 돋보이게 하며, 뷰티 제품 선택과 사용 경험을 개선하고 소비자 만족도를 높인다. 인공지능 기술은 뷰티 산업의 개인화 추세를 발전시키고 있다.

미래 뷰티 산업의 전망

　인공지능 기술은 뷰티 산업의 미래를 밝게 하고 있다. 이 기술의 발전은 개인 맞춤형 아름다움을 찾는 데 도움을 주며, 사용자 친화적인 경험을 제공한다. 에스티 로더와 퍼펙트와 같은 기업들은 AI를 통해 뷰티 산업에 혁신을 불러오고 있다.

　이러한 기술의 활용은 뷰티 산업을 재구성하고, 브랜드와 소비자 간의 상호작용을 강화하는 중요한 역할을 한다. 인공지능 기술은 뷰티 산업에 중요한 변화를 가져오며, 이는 소비자에게 개인화된 경험을 제공하는 새로운 방향을 제시하고 있다.

하이테크+하이터치와 립 가상 체험(perfectcorp.com)

퍼펙트 코퍼레이션(Perfect Corp.) 소개

전 세계적으로 9억 건 이상의 다운로드를 기록한 퍼펙트 코퍼레이션(Perfect Corporation)은 고급 AI 및 AR 기술을 통해 소비자, 콘텐츠 제작자 및 뷰티 브랜드가 함께 상호작용하는 방식을 변화시키는 데 전념하고 있습니다. 숙련된 엔지니어와 뷰티 애호가로 구성된 팀은 미래의 뷰티 플랫폼, 즉 개인이 자신을 표현하고, 패션과 뷰티에 대한 최신 정보를 습득하고, 좋아하는 브랜드 제품에 즉시 액세스할 수 있는 유동적인 환경을 조성하기 위해 기술의 한계를 뛰어넘고 있습니다. 퍼펙트에 대한 자세한 내용은 perfectcorp.com에서 확인할 수 있습니다.

에스티 로더(Estée Lauder) 소개

에스티 로더는 에스티 로더 컴퍼니즈의 주력 브랜드입니다. 세계 최초의 여성 기업인 중 한 명인 에스티 로더 여사가 설립한 이 브랜드는 오늘날까지 혁신적이고 세련된 고성능 스킨 케어 및 메이크업 제품과 상징적인 향수를 만드는 유산을 이어가고 있고, 모든 제품에 여성의 필요와 욕구에 대한 깊은 이해를 담고 있습니다. 오늘날 에스티 로더는 매장과 온라인에서 모두 전 세계 150개 이상 국가 및 지역의 여성과 수십 개의 접점을 가지고 소통하고 있습니다. 그리고 각각의 이러한 관계는 에스티 여사의 강인하고 순수한 여성 대 여성 관점을 일관되게 반영합니다. 인스타그램, 페이스북, 트위터 및 유튜브에서 @esteelauder를 팔로우하세요.

Personal Color Test

PCS 1차 진단_신체 색상 분석

구분	Warm Type		Cool Type	
	봄 Yellow Base Yellow Undertone	가을 Yellow Base Gold Undertone	여름 Blue Base Pink Undertone	겨울 Blue Base Rosy Undertone
얼굴 피부색	밝고 노르스름한 빛을 띄는 피부	노르스름한 피부에 갈색빛이 감도는 피부	노르스름한 피부에 흰빛이 감도는 피부	희고 밝은 피부에 푸른빛이 감도는 피부
	노르스름한 피부에 베이지 빛이 감도는 피부	다갈색 피부에 붉은빛이 감도는 피부	약간의 붉은 피부에 흰빛이 감도는 피부	노르스름한 피부에 푸른빛이 감도는 피부
	노르스름한 피부에 붉은빛이 감도는 피부	갈색 피부에 흰빛이 감도는 피부	살굿빛 갈색 피부에 흰빛이 감도는 피부	약간의 붉은 피부에 푸른빛이 감도는 피부
	노르스름한 피부에 약간 갈색 빛이 감도는 피부	검은 갈색 피부에 노르스름한 빛이 감도는 피부	검은 갈색에 흰빛이 감도는 피부	검은 갈색 피부에 푸른빛이 감도는 피부
눈동자 색	노란빛이 감도는 연한 갈색	황갈색 빛이 감도는 갈색	푸른빛이 감도는 연한 갈색	푸른빛이 감도는 갈색
	노란빛이 감도는 짙은 갈색	짙은 갈색 눈동자	푸른빛이 감도는 짙은 갈색	푸른빛이 감도는 검은색
머리카락 색	노란빛이 감도는 연한 갈색	황색 빛이 감도는 짙은 갈색	회색빛이 감도는 짙은 갈색	푸른빛이 감도는 갈색
	노란빛이 감도는 짙은 다갈색	황색 빛이 감도는 황갈색	회색빛이 감도는 회갈색	푸른빛이 감도는 검은색
손목 안쪽과 두피 색	밝고 노르스름한 빛이 감도는 색	노르스름하면서 황색	노르스름하면서 갈색	희고 푸른빛이 나는 색
	노르스름한 색	노르스름하면서 갈색	노르스름하면서 흰빛이 나는 색	노르스름하면서 푸른빛이 감도는 색

Personal Color Test

PCS 2차 진단_조화 분석 요인

Warm / Cool 조화 분석 요인

변화요인		Warm								
조화요인 ( )	피부색 변화	밝아짐								
		맑아짐								
	얼굴 형태 변화	각이 부드러워짐								
		입체적								
	인상 변화	잡티가 흐려 보임								
		부드러워짐								
	기타									
부조화요인 ( )	피부색 변화	어두워짐								
		붉어짐								
	얼굴 형태 변화	각이 두드러짐								
		평면적								
	인상 변화	잡티가 두드러짐								
		강해짐								
	기타									

변화요인		Cool								
조화요인 ( )	피부색 변화	밝아짐								
		맑아짐								
	얼굴 형태 변화	각이 부드러워짐								
		입체적								
	인상 변화	잡티가 흐려 보임								
		부드러워짐								
	기타									
부조화요인 ( )	피부색 변화	어두워짐								
		붉어짐								
	얼굴 형태 변화	각이 두드러짐								
		평면적								
	인상 변화	잡티가 두드러짐								
		강해짐								
	기타									

Type : Warm (   ),   Cool (   )

참고문헌

《나를 연출하는 이미지컨설팅》, 박경화, 미다스북스, 2003
《이미지컨설팅 요럴 때 요렇게》, 강진주, 2006
《프로 컨설턴트가 알려주는 퍼스널 컬러북》, 김미진, ZhiYoung, 에듀웨이, 2016
《처음 만나는 퍼스널 컬러》, 토미야마마치코, 지구문화, 2020
《color Me Beautiful》, JoANNE RICHMOND, 예림, 2011
《매력이 경쟁력이다》, 윤은기, 올림, 2009
《운이 열리는 화장법》, 데리타노리코, 참행복나눔터, 2005
《퍼스널컬러 워크북》, 김효진, 자유문고, 2017
《MIX & MATCH》, 민상원 외 1인, 백도씨, 2011
《패션뷰티 스타일링》, 김지연 외 1인, 메디시언, 2021
《패션의 색채언어》, 김영인 외 7인, 교문사, 2009
《깨끗한 피부, 남자의 경쟁력》, 박선영, 길벗, 2006
《성공이미지메이킹》, 강진주, 베스트셀러출판사, 2000
《Oh, my Image》, 박선영, 미니멈, 2012
《퍼스널컬러》, 김효진, 자유문고, 2017
《배색대사전》, 컬러배색사전편찬위원회, 한국사전연구사, 2007
《THE COLOR for designer》, 색채연구소, 영진닷컴, 2004
《스타일 메이킹》, 김희숙 외 3인, 교문사, 2009
《Oh, my Style》, 최경원, 미니엄, 2010
《멋진 남자, 멋남》, 박준성, 라이스메이커, 2012
《맨즈잇스타일》, 이선배, 넥세스, 2009
《메라비언 법칙》, 허은아, 위즈덤하우스, 2012
《프로패셔널 이미지 메이킹》, 김영란 외 6인, 경춘사, 2012
《기초메이크업》, 조고미 외 3인, 메디시안, 2020
《스타일리스트를 위한 이미지메이킹》, 김유순, 예림, 2004
《컬러리더십》, 신완서, 더난출판, 2002
《스타일메이킹》, 김희수 외 3인, 교문사, 2009
《패션트렌드와 이미지》, 김혜경, 교문사, 2007
《이미지메이킹 워크북》, 권태순 외 1인, 훈민사, 2012
《美ME STYLE》, 김효진

국내 논문

박선영, 〈여자대학생의 외모에 대한 사회문화적 태도와 화장행동 및 신체매력지각과의관계: 이미지메이킹을
　　　매개변수로〉, 세종대학교 박사학위논문, 2019
박선영, 〈여성 정치인의 외적 이미지 지각실태와 기대이미지연구〉, 서경대학교 석사학위논문, 2009
신수현, 〈얼굴형과 메이크업 컬러에 관한 연구: 동, 서양의 관상학을 중심으로〉, 조선대학교 석사학위논문, 2003
이혜령, 〈재물복을 부르는 관상과 현대 미인상을 접목한 메이크업〉, 한국뷰티아트학회지, 11(1), 2013
장윤진, 〈인상교정을 위한 이미지 메이크업 디자인 연구: 얼굴형을 중심으로〉, 조선대학교 석사학위논문, 2006

국외 논문

Anderson R & Nida S. A, Effect of physical attractiveness on opposite and sane-sex evalution.
Journal of Personality 46, 1978
Strasen, L., Self concept: Improving the imaging of nursing. Journal of Nursing Administration, 1989
James, William, The principles of psychology, New York, 1890
Branden, Nathaniel, The six pillars of self-esteem. Bantam Dell Publishing Group, 1995

Lady Jane Grey

Lady Jane Grey of England was born in 1536 or 1537. She was the daughter of Henry Grey, the Duke of Suffolk and his wife, Lady Frances Brandon. She was the maternal granddaughter of Charles Brandon, the first Duke of Suffolk and his wife Mary Tudor, who was the youngest surviving daughter of King Henry VII and his wife Elizabeth of York. Mary was also the younger sister of King Henry VIII.

Lady Jane Grey was the great-great-granddaughter of former queen Elizabeth Woodville and her first husband, Sir John Grey. She was also the great-granddaughter of Thomas Grey, the first Marquess of Dorset, the first Earl of Huntingdon, and the 7th

Baron Ferrers of Groby. Between 15 and 17 years of age, Jane was appointed as a successor of King Edward VI in 1553. In the same year, Edward VI died, and Jane Grey became the Queen of England.

However, Princess Mary raised an army to invade England because she was very popular among the people. When she reached London, she captured Jane and Jane's husband, Guilford Dudley. One year later, they were both beheaded by Queen Mary's order. They both died on February 12, 1554. Guildford was 19 years old, and Jane was 18. Jane was the disputed Queen of England and Ireland.

Here is a picture of Queen Mary I of England. As you see, she is wearing a black cape and sitting on the red-colored seat. Also, she is holding a red rose and wearing many fabulous gems. She appears to be very old.

Mary I

Mary I was born on February 18, 1516. She was the fifth child and second daughter of Henry VIII and his first queen, Catherine of Aragon. When she was born, her father was 24, and her mother was 30. Five years before, her parents had a son Henry, the Duke of Cornwall. However, he died only a month later. Mary was the only surviving child of Henry VIII and Catherine, but Henry wanted a son to secure his Tudor Dynasty.

In 1547, Henry VIII died at the age of 55, and Mary's youngest brother became King Edward VI. Edward was weak, and Mary was his heir. However, Mary was a Catholic, and Edward was a Protestant. Edward predicted that if Mary became the Queen of England, she would return England to a Catholic country. Therefore, Edward appointed Jane as his heir and died soon after. In response, Mary raised her army and took the English throne from Jane. She became the Queen of England at the age of 37.

One year later, she married King Phillip II of Spain. Phillip II was not interested in Mary but in England. He wanted England to be included in the Spanish territory. During Mary's reign, she lost Calais, which was an important region containing the Strait of Dover. In addition to that, she suffered from her false pregnancy.

Mary I died on November 17, 1558, at the age of 42. During her reign, she murdered many Protestants and was famously known as "Bloody Mary."As she did not have any children, Elizabeth, the daughter of Anne Boleyn, inherited the English throne at the age of 24.

Mary I was Queen of England and Ireland for five years. Then, she became the Queen Consort of Naples and Duchess Consort of Milan from 1554 to 1558. Finally, she was not only the Queen Consort of Spain, Sardinia, and Sicily but also the Duchess Consort of Burgundy from 1556 to 1558.

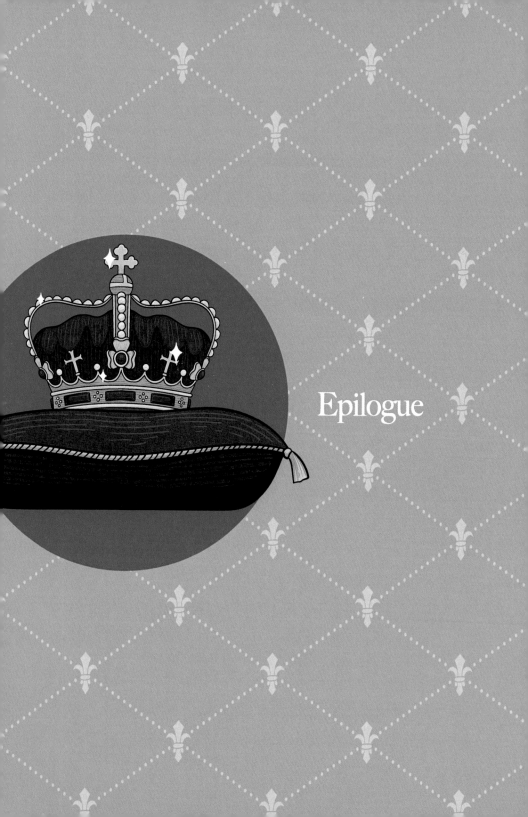

Epilogue

Through this book, I hope you learned more about the history of England and the monarchs of England from the Normandy dynasty to the Tudor dynasty. Some people might be curious why Queen Elizabeth I does not appear in this book. It is because the era in when she reigned was the golden period. It was a difficult and complicated story. I think the story of Queen Elizabeth I needs to be separated independently on a different book. While I was preparing this book, I have learned more about the English Kings and how they ruled England.

Especially, I learned that the Norman Conquest had made England reach at its height. Additionally, I also learned how king Henry VIII had broken a relationship with the Catholic Church and made an absolute monarchy.

The highlight of this book is the Wars of the Roses. The war lasted over a century, from 1376 to 1485. The War story is about two families, House of Lancaster and House of York, who fought for throne of England.

Did you find some interesting facts that how Henry VII interrupted the War and how two families finally made peace. As I aforementioned, these shining and glamorous facts also helped me understand that history repeats and it is important not to make a mistake like the past.

Thanks to Father, Mother, Mr. Park & Macy!

운명을 열어주는
퍼스널컬러

초판 1쇄 인쇄   2024년   2월 13일
초판 1쇄 발행   2024년   2월 20일

저자   박선영
펴낸이   박정태
편집이사   이명수   감수교정   정하경
편집부   김동서, 전상은, 김지희
마케팅   박명준, 박두리   온라인마케팅   박용대
경영지원   최윤숙

펴낸곳   BOOK★STAR
출판등록   2006. 9. 8. 제 313-2006-000198 호
주소   파주시 파주출판문화도시 광인사길 161 광문각 B/D 4F
전화   031-955-8787   팩스   031-955-3730
E-mail   kwangmk7@hanmail.net
홈페이지   www.kwangmoonkag.co.kr

ISBN   979-11-88768-80-6   13590
가격   24,000원